作者简介

李　进　湖南益阳人，中南林业科技大学城乡规划专业教师，硕士生导师，国家注册规划师。2012年获华中科技大学城市规划专业博士学位。主要学术研究方向为城市设计与城乡发展历史。

宋元明清时期
城市设计礼制
思想研究

李　进◎著

人民日报学术文库

人民日报
出版社

图书在版编目（CIP）数据

宋元明清时期城市设计礼制思想研究／李进著.
—北京：人民日报出版社，2016.8
ISBN 978－7－5115－4354－7

Ⅰ.①宋… Ⅱ.①李… Ⅲ.①城市规划—建筑设计—
研究—中国—宋代—清代 Ⅳ.①TU984.2

中国版本图书馆 CIP 数据核字（2016）第 291136 号

书　　名：宋元明清时期城市设计礼制思想研究
著　　者：李　进

出 版 人：董　伟
责任编辑：陈　丹
封面设计：中联学林

出版发行：人民日报出版社
社　　址：北京金台西路 2 号
邮政编码：100733
发行热线：（010）65369527　65369846　65369509　65369510
邮购热线：（010）65369530　65363527
编辑热线：（010）65369518
网　　址：www.peopledailypress.com
经　　销：新华书店
印　　刷：北京天正元印务有限公司

开　　本：710mm×1000mm　1/16
字　　数：200 千字
印　　张：14.5
印　　次：2017 年 1 月第 1 版　　2017 年 1 月第 1 次印刷

书　　号：ISBN 978－7－5115－4354－7
定　　价：68.00 元

前　言

　　宋元明清时期是中国古代宗法礼制社会发展的鼎盛时期。政治上，贵族门阀垄断权力逐步走向君主集权；经济上，庄园地主逐步为小农经济所取代，商品经济迅速发展；思想上，理学的兴起使儒家思想脱胎换骨，礼制被统治者推崇到一个新高度；社会生活上，城坊制崩溃，文化也成了市民的消费品。此背景下，城市的空间环境营建面临着诸多挑战，是向世俗低头，从"善"如流？还是因循守旧，重回"营国制度"？此时，城市设计礼制思想在统治者的引导下，做出了自己的选择。本文以宋元明清时期城市设计礼制思想为研究对象，和读者一起探析此时期城市设计礼制思想的内容、发展轨迹和时代特征，并从哲学和思维方式的角度进一步剖析其内涵。

　　该研究分为三个层次：首先，搜集、整理和归纳了城市设计礼制思想生存环境方面的资料，对宋元明清时期政治经济文化背景，以及当时城市管理制度和城市生活特点进行分析，勾勒出思想生存的完整"土壤"；随后，将城市设计礼制思想的具体特征放置于宋元明清的时空背景和"土壤"中，溯其缘由、探其究竟，提炼特征、做出判断，并与同时期城市规划、建筑设计、园林设计中的礼制思想特征进行比较，分析其差别；最后，再从哲学和思维角度入手，分析古人的营建思维方式，了解其设计思想的哲学观，如设计哲学观、思维方式等，据此来挖掘古代城市设计礼制思想的思维特征。

　　研究发现，宋元明清时期的城市设计礼制思想基本沿用了自"营国制度"创立以来形成的"君权至上""等级分明""礼教仪式"等内容，并随着经济、技术、管理水平的发展，不断在空间环境营建中强化和细化。与同时期城市规划、建筑设计、园林设计中表现出的礼制思想特征相比，园林设计中的礼制色彩已逐步减弱，更多的向艺术领域延伸；建筑设计除继承了原有的礼制思想外，更关注了技术理性的发展；而城市规划由于受功能复杂化以及土地私有化影响，礼制思想在规划实践中有所松动，有了实用主义和经济理性的色彩；但城市设计礼制思想由于城市设计本身特点（对城市公共空间和环境进行营造，兼有规训、教化之用），长期为统治者所关注，并在此时期得到了不断强化。

　　通过哲学观和思维方式的分析，我们可以看到，传统中国城市设计礼制思想是在"天人合一"的宇宙观、重视"等级名分"的道德观、"主客相通"的认识论指引下，在以"礼"为核的传统中国知识体系的基础上，通过形象思维、宗教思维、定量思维等方法和经学思维再揉合、再加工而形成的。这些稳定的宇宙观、道德观、认识论和传统中国知识体系以及相对固化的思维导致中国城市设计礼制思想也难有大的变化。这也是宋元明清时期，城市设计礼制思想内容自继承"营国制度"以来，再发展近千年也无实质变化的深层原因。

目　录
CONTENTS

1 导论

1.1 释题

1.1.1 课题内容

思想是思维活动的结果，是主体针对某些实践问题或理论问题，或者物质领域或思维领域所进行的分析、推理、演绎等思维活动及其结果，是人们对物质领域或思维领域的原创性探索①。主动和能动的结合才有思想，偶然、无意识是不会产生思想的，思想是一种理性认识。中国古代城市设计礼制思想从认识论角度可以理解为：中国古代在城市营建的实践中，为维系统治者所希望的等级分明、秩序井然、长治久安的社会，以"礼制"为核心，以"礼法"为手段，针对城市公共空间和景观环境问题，而形成的理性认识。究其历史而言，西周时"营国制度"的创立可谓其产生的标志。

本课题研究的主要内容是宋元明清时期的城市设计礼制思想。研究对象时间跨度从北宋（公元 960 年）至清末（公元 1840 年），并以明

---

① 《简明不列颠百科全书》，中国大百科全书出版社 1991 年版。

清为重点，包括北宋、南宋、元、明、清几个朝代。因为思想与其存在环境背景息息相关，所以本研究首先将宋元明清时期政治、经济、文化等背景进行梳理，勾勒出此时期城市设计礼制思想的生存"土壤"，再将思想置于此环境背景下进行分析。同时，由于古代城市设计并非专门学科，其礼制设计思想的内容与城市规划、建筑等一样，均包含于古代城市营建之中（根据《中国土木建筑百科词典·建筑卷》1999年版中"建筑学"条目："中国古代把建造房屋及其相关土木工程活动统称'营建'、'营造'"），因此本文的研究对象将涉及上述时间范围内的城市营建典章制度、城市营建实践中有关城市公共空间和景观环境的内容。为探究宋元明清时期城市设计礼制思想的成因，本研究还进一步对城市设计礼制思想进行了哲学观和思维方式方面的分析。

中国古代城市设计礼制思想的形成错综复杂，在分析过程中，要准确地把握其关键要素必须要有一个清晰的逻辑，逻辑树分析法无疑是个很好的方法。本文采用麦肯锡逻辑树分析法，将宋元明清时期古代城市设计礼制思想的相关问题分层分析，从时代背景，到思想的基本内容及其脉络，再到与之关联的哲学观、思维方式等诸多方面。

1.1.2　研究目的

本研究试图通过对中国古代城市设计礼制思想的研究达到如下几个目的：

更好地理解中国古代城市。中国古代的城市设计活动与礼制思想休戚相关，从礼制思想角度解读古代城市空间和环境，从思想层次上理解古代城市。

寻求中国古代城市设计礼制思想的发展脉络及其渊源。通过对有关城市空间环境控制和营建典章文献整理以及现代对古代城市考古的实证资料分析，挖掘中国古代城市设计礼制思想的主要内容，并归类整理，寻求其脉络渊源。

探析古代城市设计礼制思想的哲学本质及其形成原因。

考虑到中国古代整个时间跨度较大，本文选取宋元明清时期作为研究的重点。

1.1.3　课题价值

（1）中国古代城市设计礼制思想研究是城市设计本土化重要的基础工作之一

自 20 世纪 80 年代城市设计概念引入中国以来，中国学者对城市设计研究进行了非常积极地探索，为城市设计本土化做出了巨大贡献。但通过对现有成果分析来看，中国现代城市设计的许多理论和方法主要来自如下几个方面：国外的引入、当代城市设计实践经验总结以及结合现代科学知识分析研究的成果。这些来源中，缺少对中国古代城市设计一个应有的定位。究其原因就是缺乏对中国古代城市设计进行较为系统的研究分析（通过对出版专著、优秀硕博论文、专业核心期刊的文章分析来看，这其中涉及中国古代城市设计的内容比较少，且分析不够深入、完整和系统，详见下章研究综述），从而导致了这一理论板块的不完整。

正如国学大师陈寅恪先生的话："其真能于思想上自成系统，有所创获者，必须一方面吸收输入外来之学说，一方面不忘本来民族之地位"[①]。中国博大精深的传统民族文化孕育了中国特色的城市设计思想，这些思想符合中国人的价值观、审美情趣、价值与审美标准。归纳总结或深入研究这些古已有之的城市设计思想是构建中国城市设计思想体系的基础，对构建中国式城市设计有着重要意义[②]。

---

① 陈寅恪：《金明馆丛稿二编》，上海古籍出版社 1980 年版，第 284 页。
② 余柏椿：《非常城市设计——思想系统细节》，中国建筑工业出版社 2008 年版，第 10 页。

（2）中国古代城市设计礼制思想研究是中国古代城市设计思想的重要内容

中国古代城市设计思想博大精深，而其中最有代表性的就是礼制思想。礼制的设计思想将其"天人合一"的宇宙观、宗法伦理的道德观、主客观相通的认识论三者以城市营建活动为手段，以礼法为保障（严密的管理体系），作用于城市的公共空间和景观环境，由此形成了世界上独具一格的东方城市特色。

（3）对相关学科研究的积极意义

宋元明清时期中国古代城市设计礼制思想研究的主要内容有两个方面，一是宋元明清时期，城市设计礼制思想的主要内容和特征，二是城市设计礼制思想的哲学分析。每一方面又涉及许多相关学科的内容，如古代营建典章制度、古代城市管理制度、思维科学等等。关于这些内容的研究对传统中国的城市管理科学、建筑科学、思维科学同样有积极的意义。

（4）古代城市设计礼制思想研究的实用价值

现阶段中国历史文化名城、街区和历史建筑的保护工作很多还是基于建筑学工程技术的角度来思考如何保护的问题。而古代城市设计礼制思想的探索提供了另外一个角度，即从古人的认知角度，思维方式和社会制度视角下，保护历史馈赠给后人的历史公共空间和景观环境。从此角度出发，历史文化名城、街区和古建筑的空间环境本质含义能被认识得更为深刻，如以此为根据，制定的保护措施将不仅仅停留于历史物化的表面，更能使历史的纵深切片得以完整展示，使中国传统文化脉络在空间环境中得以延续。这对历史文化名城、街区和历史建筑保护实践工作有重要意义。

1.2 研究途径

1.2.1 研究方法

研究方法是研究的思维方式、行为方式以及程序和准则的集合。包括指导研究的思想体系、研究方法或方式、具体的技术和技巧。

（1）麦肯锡逻辑树法

该方法以树形的模式将问题的所有子问题分层罗列，并从最高层逐步向下一一分析。已知问题作为树干，再考虑这个问题的相关问题。由各个点上延伸出这个问题的"枝干"，各个"枝干"代表一类系列问题。一个大的"枝干"上还可以有小的"树枝"，如此类推，找出问题的所有相关联项目①。宋元明清时期城市设计礼制思想是一个极为繁杂的大系统，其内容散布于城市的各个空间和环境之中，这为研究工作增加了很大的难度。逻辑树方法可帮助理清宋元明清时期城市设计礼制思想具体内容研究的分析思路，不进行重复和无关的思考。

（2）历史与逻辑相统一的研究方法

如何研究历史思想，马克思给了很好方法，"历史从哪里开始，思想进程也应当从哪里开始，而思想进程的进一步发展不过是历史过程在抽象的、理论上前后一贯的形式反映。这种反映是经过修正的，且是按照现实的历史过程本身的规律修正，这时，每一个要素可以在它完全成熟而具有典范形式的发展点上加以考察"②，这就是历史与逻辑相统一

---

① ［美］拉塞尔·弗里嘉：《麦肯锡意识》（第一版），龚华燕译，机械工业出版社2010年版，第68页。
② 马克思，恩格斯：《马克思恩格斯选集第2卷》（第2版），人民出版社1995年版，第122页。

的研究方法。一方面，研究从城市设计理论思维出发，以概念作为研究和论证的核心和主干，让历史事实从属于和服从于逻辑的推演；另一方面，从宋元明清历史事实出发，让理论思维遵循历史的顺序，使思维的逻辑行程与历史过程相一致。通过研究宋元明清时期城市公共空间和景观环境营建的基本内容和内在联系，从而揭示出城市设计礼制思想的本质。

（3）质的研究方法

思想与社会是不可分割的。城市设计礼制思想是诞生在中国社会独特环境中的产物，伴随着中国社会的变迁而发展变化。质的研究方法就是运用思想与社会变迁的理论分析和解决问题。该方法通过采用多种资料收集方法对现象进行整体性探究，使用归纳法分析资料和形成理论，通过与研究对象互动对其行为和意义建构获得解释性理解的一种活动。质的研究认为，任何事件都不能脱离其环境而被理解，理解涉及整体中各个部分之间的互动关系。对部分的理解必然依赖于对整体的把握，而对整体的把握又必然依赖于对部分的理解①。本研究通过大量有关宋元明清的城市、社会、经济、制度资料的分析从而产生理论假设，然后通过相关检验和不断比较，逐步得到充实和系统化的结论，即通过质的研究来理解古代特定社会情境下的城市设计行为及其礼制思想。

1.2.2　探索宋元明清时期有关城市设计礼制思想途径

宋元明清时期的城市设计礼制思想并没有系统资料，这些有关信息散见于各种文献之中，主要有五个方面：

①宋元明清时期的典章文献；

②宋元明清时期的小说、笔记；

③宋元明清时期的古代绘画；

---

① 陈向明：《质的研究方法与社会科学研究》（第一版），北京大学出版社 2000 年版，第 17 页。

④现存宋元明清时期的实例和考古学资料；

⑤其他学者针对性的相关研究。

将资料中的文献归纳整理，并与实际案例相结合的分析是城市史学的研究方法。由于古代并没有相关的城市设计学，因此有关古代城市公共空间和景观环境的资料都是本次课题重点关注的材料。此外，其他学者针对宋元明清时期城市研究的成果，包括其原始资料、研究方法、研究结论都是本研究的重要基础。

1.2.3 宋元明清时期城市设计礼制思想的验证

唯物史观要求，从物质实践出发来解释观念的东西。宋元明清时期城市设计礼制思想实践的物质成果现存已经很少。大部分实践或以只言片语的形式记录在当时的典章制度之中，或者掩埋于黄土之下。对其探索，一是演绎法，二是不完全归纳法。演绎法即通过对相应时期的典章制度文献中有关城市公共空间和景观环境内容进行梳理归类，由此形成制度层面的城市设计礼制思想的内容框架，做出理论假设。不完全归纳法则是根据城市考古所得的有关数据，通过分析其联系，建立古代城市公共空间和景观环境礼制设计思想的理论假设。同时，演绎法所得理论假设与不完全归纳法所得假设正好互为验证。在实际的研究过程中间，两类方法也会综合运用。

在比较中发现事物的本质和规律，"极为相似的事情，但在不同的历史环境中出现就引起了完全不同的结果。如果把这些发展过程中的每一个都分别加以研究，然后再把它们加以比较，就会很容易地找到理解这种现象的钥匙"①。不同社会历史时期，城市设计礼制思想以及蕴含在城市规划、建筑设计、园林设计中的礼制思想之间既有相似之处又有着不同和差异，通过其比较，从而准确地把握其共性和个性以及它们之

---

① 马克思，恩格斯：《马克思恩格斯全集》第19卷（第2版），人民出版社1972年版。

间的辩证关系，从而理解礼制思想之于设计领域的基本规律和趋势。

　　城市设计礼制思想不仅是有关一个城市公共空间和景观环境的建设问题，它还包含丰富的内容，其中涉及价值观、认识论、思维方式等哲学问题。这些哲学问题也是城市设计礼制思想的根本问题，它直接影响了人的"思"与"行"。对于城市设计礼制思想中的哲学问题分析，能更深入地理解其思想的构成性，挖掘其思想要素之间内在的逻辑关联和系统联系，以及其思想在合理性原则和逻辑推理原则的支配下，所表现出的一致性和连贯性，从而实现思想的逻辑内证。

2 研究综述

2.1 中国古代城市设计思想研究的基本问题

经过 40 年的研究和实践，中国现代城市设计已取得了丰硕的成果。理论上百家争鸣，如目标论①、整体论②、实践论③等等；实践中百花齐放，如概念性城市设计、引导或指导层面的城市设计指引、方案类型的城市设计等等。然而，符合中国国情的城市设计理论研究任务仍相当艰巨。余柏椿教授在《我国城市设计研究现状与问题》一文中指出："我国城市设计研究需要解决的主要问题是深化研究和拓宽研究领域"④。这其中就包括城市设计基础理论研究方面，"对中国博大精深的民族文化润育的，中国特色的，符合中国人价值观、审美情趣、审美价值与审美判断标准的，古已有之的城市设计思想的研究"⑤。

---

① 余柏椿：《城市设计目标论》，《城市规划》2004 年第 12 期，第 81～82 页。
② 陈纪凯：《适应性城市设计——一种实效的城市设计理论及应用探究》（博士论文），华南理工大学 2002 年。
③ 刘宛：《城市设计概念发展评述》，《城市规划》2000 年第 12 期，第 16～22 页。
④ 余柏椿：《我国城市设计研究现状与问题》，《城市规划》2008 年第 8 期，第 66～68 页。
⑤ 余柏椿：《我国城市设计研究现状与问题》，《城市规划》2008 年第 8 期，第 66～68 页。

但今人如何来理解古人城市设计的思想呢？他们的建设行为到底是感性创造还是理性控制？是否能把它当作科学来研究找出其原理？赫伯特·西蒙似乎用"人工科学"① 的概念回答了这个问题。城市设计作为一种与"自然"相对的"人工"科学，其显著特征在于人本身的智能性。而城市设计的思想区别于建设行为，表现为建或不建、如何去建的观察与取舍，并形成其相应的规定和要求，随社会的变化不断调整。同时，城市设计的思想又以城市作为其载体，联通了营建行为，并最终凝固于城市这一"物"之中。正是基于此，对城市设计思想的研究有了可能。依据"人工科学"理论，城市设计存在其相应的设计逻辑和层级结构。以命令逻辑的范式来看，城市设计即通过对城市公共空间和景观环境下的人与人、人与建筑、自然与建筑、建筑与建筑的关系谋划（手段），运用当时的工程技术等（法则），实现效用的最大化（目的）。因此，相同法则、相同目的下，形成的城市公共空间和景观环境往往会有惊人的一致性。

中国古代城市设计是否存在一种其特有的设计逻辑和层级结构呢？保存下来的，有着许多共同点的历史古城以及古代文献中的各种样、式、法式都在提示着我们，中国古代城市设计有着完整的设计思辨结构，乃至成为一种制度化的思想，体现于文化规范与行为模式的集大成者——中国传统礼制之中。通过对中国古代城市设计礼制思想的研究，能推进中国古代城市设计的思想研究，为构建立足于本国国情的城市设计体系起到基础性的作用。

---

① ［美］赫伯特·西蒙著，武夷山译：《人工科学》（第一版），商务印书馆1987年版。

2.2 中国古代城市设计思想的基本观点

2.2.1 城市设计和城市设计思想概念界定

就广义的城市设计来说，它伴随着城市的产生而产生，它包含在城镇及其组成要素的营建活动之中。直至 20 世纪中叶，由于建筑学和城市规划学学科领域不断分化并朝着各自的方向不断发展，城市空间和环境出现了研究的空白，因此现代城市设计学科应运而生。最早提出此概念的是美国建筑师沙里宁（E. Saarien）。1942 年，E·沙里宁在所著的《城市：它的发展、衰败与未来》中谈到城市的三维空间概念时，就避免使用"规划"，而使用"设计"这个名词，以免在分析中产生误解①。随后，城市设计领域在世界不断发展，而且得到日益广泛的认同。权威机构定义有如下几种：

1965 年美国建筑师协会出版的《城市设计：城镇的建筑学》中讲到，"城市是由建筑和街道，交通和公共工程，劳动、居住、游憩和集会等活动系统所组成。把这些内容按功能和美学原则组织在一起，就是城市设计的本质"，并首次使用了"城市设计"（Urban Design）一词。

1985 年第 15 版《大不列颠百科全书》解释"城市设计是指为达到人类的社会、经济、审美、技术等目标在形体方面所做的构思，它涉及城市环境所采取的形式。"

在中国，城市设计的概念自从被引进以来（1980 年尹培桐翻译芦原义信的《外部空间设计》一书将城市设计的概念引入了中国），也不断经历着从抽象思维到具体实践，再回到抽象思维的过程。如此循环往

---

① ［美］E·沙里宁著，顾启源译：《城市它的发展衰败和未来》，中国建筑工业出版社 1986 年版。

复，形成一系列符合中国实情的城市设计概念。中国城市设计概念的变化和扩展反映了中国学者对城市设计认识的扩展，有利于对城市设计认识日益接近于城市设计的客观本质。具体的权威和机构定义有如下：

1988 年《中国大百科全书》"城市设计是对城市体形环境所进行的设计"陈占祥（建筑、园林、城市规划卷）《中国大百科全书》。

1990 年北京"城市设计学术研讨会"确定"城市设计是以人为中心的，从城市整体环境出发的规划设计工作，其目的在于改善城市的整体形象和环境景观，提高人们的生活质量、它是城市规划的延伸和具体化，是深化的环境设计。"（《城市规划动态》3/1991）。

1996 年齐康认为"城市设计是一种思维方式，是一种意义通过图形付诸实施的手段"（王建国《城市设计》东南大学出版社，1999）。

1999 年国家标准《城市规划基本术语标准》，城市设计是"对城市体形环境所作的整体构思和安排，贯穿于城市规划的全过程"。

2008 年余柏椿教授在《非常城市设计——思想、系统、细节》一书中提出"城市设计是以城市公共空间和景观环境为主要对象，以对象的宜人性和特质性为目标，以人性化为原则，以系统论方法为途径的一种用于相关规划设计及行政管理领域的思维方法、设计法则以及专项规划设计。"

通过以上概念来看，现代城市设计是一个相对狭义的概念。它与包含城市规划和建筑的广义城市设计相比，有着更清晰的领域，并随着人们实践和认识的发展，概念的内容也在不断变化和发展。同时在这些发展变化的概念中，一些概念的内容相对稳定下来。这些相对稳定下来的内容其实就是城市设计的一种概念范式。它包括城市设计的对象主要为城市公共空间和景观环境，城市设计的主要体现形式为一种思维方法和实施手段（设计法则以及专项规划设计）。因此，根据城市设计概念的范式来定义城市设计，即用以指导城市公共空间和景观环境建设的一种思维方法和实施手段。

思想是一个意识形态的，观念的概念。它是思维活动的结果，是主体针对某些实践问题或理论问题，或者物质领域或思维领域所进行的分析、推理、演绎等思维活动及其结果，是人们对物质领域或思维领域的原创性探索①。思想是一种理性认识。城市设计思想从认识论的角度可以理解为：人们在城市营建实践中，通过对实践所获的认识以及已有的知识进行主动或能动性思考后获得的，用于解决城市公共空间和景观环境问题的理性认识。

现代城市设计的核心思想是人性化思想、城市空间环境优化思想以及城市特色保护和创新思想等②。相对于现代城市设计而言，中国古代城市设计为"类似城市设计"。以现在的城市设计概念标准来看，由于那时没有明确的概念定位，其思想也表现得较为模糊，或融入到了城市规划思想中，或融入到了建筑设计思想中。另外，由于中国古代城市设计思想是建立在古代中国城市营建实践所获的认识以及中国传统文化基础之上，两者思想的来源不一，因此在内容上与现代城市设计的思想也有很多的不同。

2.2.2 中国古代城市设计思想研究

通过各方面的文献整理来看，现阶段针对中国古代城市设计思想的研究并不多，其研究成果主要反映有如下城市设计思想：

（1）"帝王至上"的设计思想

历史地理学家侯仁之先生在《从北京到华盛顿——城市设计主题思想试探》③一文中，从北京都城空间历史演变入手，通过对城市空间环境的分析，结合中国古代的制度、文化，总结了中国古代城市设计思

---

① 《简明不列颠百科全书》，中国大百科全书出版社1991年版。
② 余柏椿：《非常城市设计—思想 系统 细节》，中国建筑工业出版社2008年版，第15页。
③ 侯仁之：《从北京到华盛顿——城市设计主题思想试探》，《城市问题》1987年第3期。

想。侯仁之先生所强调的中国古代城市设计思想最为显著的一个主题即"帝王至上"的设计思想。这种思想通过对北京城的城垣、宫城、祖庙祭坛等重点空间的布局,以突出中轴线、突出中心——"择中而立"、正南向为主导方向——"面南而王"等设计手法,最终形成了由北往南,纵贯全城,长达八公里的中心轴线,整个城市整体感和稳定感强,被称为"世界的奇观之一"。

(2)"营国制度"与实用主义设计思想

东南大学王建国教授在《自上而下,还是自下而上》① 一文中,通过对古代文献分析和具体实例的论证得出:早在公元前 11 世纪,中国城市设计就形成了一套较完整的、为政治服务的营国制度,并且作为一种反映尊卑上下秩序和大一统思想的理想城市模式,深深影响并铭刻在以后的城市设计实践中。而后,他在《现代城市设计理论与方法》② 中,列举北京、西安、开封等城市实例来进一步说明其观点,并补充了其他一些中国古代存在过的城市设计思想,如结合自然、气候来设计的思想。华中科技大学洪亮平教授在《城市设计历程》③ 中,也以时间为顺序,将中国古代城市设计存在的思想进行了列举,其中提到古代中国主要的城市设计思想为"营国制度"和管子设计结合实际的思想。书中指出,这两种思想是中国古代城市设计思想的主要线索,前者主要体现在古代各朝的"都"、"州"、"府"、"县"城的营建中,后者则常常为乡村市镇的营建之中。

(3)"山水城市"的设计思想

洪亮平教授在《城市设计历程》一书中除"营国制度"和管子设计结合实际的思想外,还提到,依托中国传统人文特色的山水文化而产生了"山水城市"的设计思想。该设计思想主要表现为在尊崇山水自

---

① 王建国:《自上而下,还是自下而上》,《建筑师》。
② 王建国:《现代城市设计理论与方法》,东南大出版社 1991 年版。
③ 洪亮平:《城市设计历程》,中国建筑工业出版社 2002 年版。

然的同时，通过创造山水城市的主要手段——"风水术"，充分的利用自然形成其所需的理想生存空间和景观环境。在这种空间和环境中，城市空间与城市所处的山水环境相对应而存在，两者生动和谐的组成一个相对完整、缺一不可的整体空间系统。典型的实际案例如杭州、南京、无锡、桂林等城市。

（4）"儒家"、"道家"的设计思想

熊红瑾在《"儒""道"文化与城市设计》① 一文中，对中国古代城市设计中的传统文化进行了挖掘。并提出："在中国传统城市中，儒家和道家相辅相成，并结合其他诸家成为古代思想主线，它渗透凝聚在中国城市和建筑设计中，反映出群体建筑的严谨、对称、规整和园林建筑的自由、活泼曲折多变的对立统一"。

从以上中国古代城市设计思想研究来看，这些研究真实揭示了中国古代城市设计思想，但在各思想类别归类上存在着，或重叠、或片面、或过笼统等问题，思想的体系性和连续性方面概括不够完整。如"营国制度"与儒家思想之间，"营国制度"是"周礼"的一部分，正统的儒家思想是崇尚"礼"的，特别是"周礼"，他们两者之间是包含关系，非并列关系。同时，儒家思想内容宏大，各时期各派别还有所不同，用之来做城市设计的思想概括则特点难以突出，从而出现与其他类思想难以区分的问题。而"营国制度"本身为周代"礼制"在城市营建方面的体现，尽管它的出现是中国古代礼制营建思想（其内容涵盖了城市规划和城市设计思想）的里程碑（这也是城市设计礼制思想形成的标志），但以特定历史条件下产生的制度的"形"来概括大时空跨度的营建历史则容易导致制度本身的"神"的走样。因此，基于此类问题的考虑，本研究对城市设计思想角度的选择既要考虑有一定的思想概括性，同时又应有揭示思想本质所具备的连续性特点，最终选择从

---

① 熊红瑾：《"儒""道"文化与城市设计》，《云南工业大学学报》1992年第3期，第23~26页。

"营国制度"的"神"——礼制入手，即城市设计礼制思想。

2.2.3 中国古代城市设计法则研究

设计法则是设计思想的外显。由于中国传统文化侧重"形象思维"，许多城市设计的法则很难通过逻辑论证来说明其原理和来由。同时，古代有关城市营建成系统的法则文献不多，理论与实践中存在一定的理解差距。已有成果基本以现代知识角度理解古代城市实践为多。通过已出版的有关中国古代城市设计的专著、中国期刊全文数据库检索的相关论文来看（如下表2-1），现阶段研究多通过实际案例分析，最后归纳总结形成结论，如吴良镛先生的"寻找失去的东方城市设计传统"、张杰和霍晓卫的"北京古城城市设计中的人文尺度"等等。也有少数，首先从概念推理入手，然后再进行实例引证的，如白晨曦的"中国古代城市设计象征手法浅议"。

表 2-1　古代城市设计法则研究

主要研究内容	研究方法	研究者及其相关论文
传统中国城市的美学原则及有关的问题	针对古图进行文献考证分析	吴良镛：寻找失去的东方城市设计传统①
北京古城空间环境的"人文尺度"设计原则进行了初步总结	针对北京古城史料、地图、文献和实地的调研	张杰　霍晓卫：北京古城城市设计中的人文尺度②
古代城市设计的象征手法	从"天人思想"概念出发，实证研究	白晨曦：中国古代城市设计象征手法浅议③
自然山水对中国古城城市选址、布局以及重要城市要素的设计影响作了定量的研究	以承德、南京为例做实证研究	张弓：中国古代城市设计山水限定因素考量④

---

① 吴良镛：《寻找失去的东方城市设计传统——从一幅古地图所展示的中国城市设计艺术谈起》，《2000 建筑史论文集》。
② 张杰，霍晓卫：《北京古城城市设计中的人文尺度》，《世界建筑》2002 年第 2 期。
③ 白晨曦：《中国古代城市设计象征手法浅议》，《北京规划建设》2002 年第 4 期。
④ 张弓：《中国古代城市设计山水限定因素考量》，（硕士学位论文），清华大学 2006年。

主要研究内容	研究方法	研究者及其相关论文
中国古代城市设计基本方法	从传统文化、文艺创作着手，兼顾工程技术发展，以实例做考证，归纳总结	汪德华：中国城市设计文化思想①

此外，东南大学仲德崑教授对"中国传统城市设计及其现代化途径"做了较为全面的专项研究。该研究对中国古代城市设计的社会、经济和文化背景以及其理论和实践进行了一个较为系统的分析。他认为中国古代的城市设计主要是以小农经济为基础的，封闭的封建制度、生产方式和生活方式在物质环境上的反映。并受中国长期的封建宗法制度、中国传统的自然观、理念与浪漫辩证法、中国特有的美学观念等的影响，形成了由文人主导的中国传统城市设计的理论和实践。其最基本观念可概括为空间和力成序列地相互作用。具体包括三个方面：空间（建筑和城市设计的根本）、势（建筑空间构图的发生力）、序列（空间的时间效应）。另外，他将中国古代城市的基本空间类型归类为市政空间、市场空间、宗教空间、街道空间等，并通过实例分析提炼出中国传统建筑和城市设计的要素（包含物质要素、精神要素）②。这样系统的研究无疑对中国古代城市设计思想研究有很大的推进。最近几年，原建设部总规划师汪德华先生在其《中国古代城市规划文化思想》一书的基础上，对城市设计基本方法进行深入的分析探讨，形成了《中国古代城市设计文化思想》③ 一书，该书从中国文化思想与工程技术两个方面评析了中国城市设计的诸多特色，分析了中国古代传统文化思想包括艺术创作各种表现形式对设计的全面影响，并归纳出六种基本城市设计

① 汪德华：《中国城市设计文化思想》，东南大学出版社 2009 年版。
② 仲德崑：《中国传统城市设计及其现代化途径研究提纲》，《新建筑》1991 年第 1期。
③ 汪德华：《中国古代城市设计文化思想》，中国建筑工业出版社 2009 年版。

法则以及四个评定优劣的标准。最后，汪德华先生认为，对中国城市设计的挖掘与拓展，需要把握中国传统文化总的特征以及东、西方城市设计文化思想的差异，然后才能去创新。以其观点和内容来看，该书可以说是对中国古代城市设计研究的重要阶段成果。

中国古代城市设计法则是城市设计思想之于空间环境的"语言"，也可以说是空间的语法。城市设计思想通过设计法则在空间环境中来表达、传递和沟通的信息。设计法则同样也影响着设计思想，或封闭保守，或丰富灵活。研究设计法则对于理解城市设计思想的逻辑与内涵有重要意义。

2.3　中国古代礼制研究

2.3.1　礼制概念界定

礼是中国传统伦理文化和政治文化中的一个重要范畴，是中国历代封建王朝大力推崇和维护的社会政治制度和行为规范。由于礼的推行，中国传统社会形成了不同于西方依持宗教来调控社会的社会控制手段。

礼的含义在《说文解字》中解释为"礼者，履也。所以事神致福也，从示、从丰"①。根据《辞源》中的解释，礼是古代中国作为规定社会行为的法则、规范②。

从礼的历史发展来看，它起源于原始社会，原为祭神时的一种仪式，进入奴隶社会后，统治者有意识地对它加以编排改造。到周代"周公制礼"后，礼成了一种有力的统治手段，即为规范社会活动而制定的一系列制度、规定以及贯穿其间的思想观念和他们共同遵循的礼节

---

① （汉）许慎：《说文解字》，凤凰出版社 2004 年版。
② 《辞源》，商务印书馆 1979 年版。

仪式①。就礼的内容来说，正如《礼记·曲礼上》所说，"道德仁义，非礼不成；教训正俗，非礼不备；分争辨讼，非礼不诀；君臣上下，父子兄弟，非礼不定；宦学事师，非礼不亲；班朝治军，推官行法，非礼威严不行；祷祠祭祀，供给鬼神，非礼不诚不庄"，其内容涵盖了社会政治、军事、法律、家庭伦理等等制度。

礼制是指礼的制度层面，即礼的典章制度，也包括具体的礼仪制度，甚至还有制礼、行礼的原则，其含义与《礼记·礼器》中所说的"礼器"最为接近②。本研究认为：礼制就是中国古代为维护统治者所希望的既等级分明、秩序井然，又协调稳定的社会共同体的长治久安，将围绕着道德所建构的社会生活行为上升到制度层面，所形成的社会行为活动的法则、规范（第六章有专门论述）。

2.3.2 中国古代礼制思想研究

礼是中国古代社会的产物，是中国古代历代王朝用以维系其宗法专制及其社会秩序的基本制度和规程③。从古代行政管理部门设置有专门的礼部机构（西汉时期形成的三省六部制就包含有礼部），可以看出其当时的重要性。同时，"礼"也是唐代以后科举考试的主要考试内容。古代的学者更是"皓白首以穷经"（经的很多内容就是礼），来专研"礼"的真谛。帝制推翻之后，由于种种历史和政治的原因，"礼"慢慢淡出了人们的视野，在一个相当长的时间里成为国内学者遗忘的角落。直至20世纪80年代，礼在中国传统社会、传统文化中的重要地位才重新开始引起学者们的注意④。

---

① 张明义等著：《中国传统礼制的现代思考》，《社科纵横》2006年第7期，第133~135页。
② 武宇嫦：《礼与俗的演绎——民俗学视野下的〈礼记〉研究》，（博士学位论文），北京师范大学，2007年。
③ 华唐：《秦汉礼制研究的拓荒之作》，《浙江学刊》1994年第6期，第33~36页。
④ 华唐：《秦汉礼制研究的拓荒之作》，《浙江学刊》1994年第6期。

至今为止，现代学者对中国传统礼的研究成果可谓是汗牛充栋，其研究的方向也是林林总总。特别是在 20 世纪末重视理论概括、强调阶级、人民群众、经济因素等等思想为主导的"新史学"观影响下，礼学研究逐渐摆脱了对传统经学的依附，进入了一个新的发展空间。

表 2－2　20 世纪 80 年代以来对"礼"的研究

研究内容	代表人物及其著作
礼的典籍研究	钱　玄：《三礼通论》《三礼辞典》 杨天宇：《三礼译注》 彭　林：《仪礼》注译
礼的思想研究	蔡尚思：《中国礼教思想研究》 沈文倬：《宗周礼乐文明》 杨向奎：《宗周社会与礼乐文明》 彭　林：《＜周礼＞主体思想与成书年代研究》 陈　来：《古代宗教与伦理——儒家思想的根源》 勾承益：《先秦礼学》 刘　丰：《先秦礼学思想与社会整合》 柳　肃：《礼的精神—礼乐文化与中国政治》 苏志宏：《秦汉礼学教化论》 李云光：《礼的反思》
礼制研究	陈戍国：《中国礼制史》 杨　宽：《中国古代陵寝制度史研究》 杨志刚：《中国礼仪制度研究》 丁凌华：《中国丧服制度研究》 徐吉军：《中国丧葬史》 张　岩：《从部落文明到礼乐制度》 葛志毅：《周代分封制度研究》 钱宗范：《周代宗法制度研究》 张鹤泉：《周代祭祀研究》 邱衍文：《中国上古礼制研究》 贺业钜：《考工记营国制度研究》 李玉洁：《先秦丧葬制度研究》等
礼俗研究方面	何联奎：《中国礼俗研究》 常金仓：《周代礼俗研究》 王炜民：《中国古代礼俗》 邹昌林：《中国古礼研究》

研究内容	代表人物及其著作
礼与文化的研究	柳治微：《中国文化史》 冯天瑜：《中国文化史纲》 邹昌林：《中国礼文化》 顾希佳：《礼仪与中国文化》 余英时：《士与中国文化》 李天纲：《中国礼仪之争》 杨　华：《先秦礼乐文化》 金尚理：《礼宜和的文化理想》 谢　谦：《中国古代宗教与礼乐文化》 吴予敏：《先秦礼乐文化研究》等
礼与人文精神研究	唐君毅：《中国人文精神之发展》、《中国文化之精神价值》、《人文精神之重建》 陈　来：《人文主义的视界》等

从 20 世纪 80 年代以来出版的与礼相关研究著作来看（表 2 - 2），在礼学研究成果中，既有对礼的宏观思想问题研究，也有对礼的具体问题的研究。在研究目的上，越来越多的学者开始将传统与当代结合，为礼的研究开辟了新的道路。同时，从这些著作和 2000—2010 年以来发表的相关博士论文来看，国内对中国传统礼的研究还是偏重于史学、哲学、考古学之类，而以工科、设计学角度深入研究的还不多。特别是有关礼制思想影响下的营建制度和建设法则、礼制思想指导下的城市设计实践研究等还很少。

2.3.3 礼制中有关城市营建的典章制度研究

中国古代是一个宗法社会，而宗法社会的支撑就是礼法，即礼制与法制结合。两者结合的结果使礼的思想往往以典章制度的形式出现，如《宋会要》、《明会典》、《清会典》等，有关中国古代城市设计礼制思想也就以城市营建典章制度的形式包含于其中。

（1）有关城市营建的典章制度文献整理

中国古代历时数千年，制度典章浩如烟海。根据清代《四库全书总目提要》① 分类来看，典章制度主要集中在经和史的部类。由于古代没有学科分类，所以专门的城市营建典章很少，营建技术管理典章主要是以宋《营造法式》、清《工部则例》等代表，而其他有关城市公共空间和景观环境的管理内容，都散布于《会典》、《会要》之中，并主要在"礼"、"仪制"、"刑法"、"方域"的系类之下。当代学者对古代营建相关文献亦有过整理。如李合群主编的《中国古代建筑文献选读》和李书钧主编的《中国古代建筑文献注译与论述》。这两本书将中国古代典型的、反映当时一部分有特色的建筑文献收集起来，其主要目的在于系统地反映中国古代建筑发展演变的脉络，以及建筑形制和建筑文化、艺术、思想等方面内容。

对李合群主编的《中国古代建筑文献选读》② 中收录的文献分析来看（表2-3），涉及城市营建制度的典章主要有如下：

表2-3　《中国古代建筑文献选读》中典章制度文献分析

时期	部类	著作	文献	涉及内容
先秦	经	书类《尚书》	顾命	宗庙布局
		诗类《诗经》	定之方中、斯干、灵台、绵、文王有声	宫室、城郭制度
		礼类《周礼》	司市	市的布局
		礼类《礼记》	月令、郊特牲、祭法第、明堂位第十四	祭祀场所布局
		礼类《仪礼》	士冠礼	宗庙布局
		礼类《考工记》	（专文）	集中论述营国思想
		春秋《春秋》	春秋左氏传、春秋公羊传	城垣制度
		小学《尔雅》	释宫	概念标准

---

① （清）纪昀等：《四库全书总目提要》，中华书局1965年版。

② 李合群：《中国古代建筑文献选读》，中国建筑工业出版社2008年版，第6页。

时期	部类		著作	文献	涉及内容
秦汉	史	地理	《三辅黄图》	咸阳古城、袁广汉筑园	城市布局、园林规划
	史	正史	《史记》	阿房宫、秦始皇治陵、齐都临淄	宫室、陵寝、都城制度
	史	载记	《邺中记》		城市布局
	史	地理	《水经注》	魏都平城、函谷关、孔庙	城垣制度
	史	别史	《洛阳伽蓝记》		城市布局
	史	地理	《大唐西域记》	邑居	居住规划
隋唐	史	正史	《隋书》	六合城	城市营建制度
	史	职官	《唐会典》	营缮令	建筑等级制度
	史	政令	《营造法式》		建筑规范
	史	正史	《宋史》	舆服志（宋代官方规定的建筑等级制度）	建筑等级制度

　　李书钧主编的《中国古代建筑文献注译与论述》① 一书中收录文献分析（除去与李合群书相同书目），涉及城市营建制度的典章主要有如下（表2-4）。从这两个典章文献分析表以及典章文献内容可以看出，中国古代城市设计思想是通过许多一个个具体的城市营建案例来形成形制的，类似于法律中的判例式，即基于国家或者前朝的一个个具体做法而形成的具有法律效力的形制，这种实际形制对以后城市公共空间和景观环境营建的模式具有法律规范效力，能够作为城市公共空间和景观环境营建的法律依据。这种做法与中国古代将"事"作为法律规范的重心有关。《左传·昭公六年》所说的"议事以制，不以刑辟"就是当时对法律规范的一种认识，"议"为选择；"事"为判例；"制"为裁断，针对城市营建来说也就是选择先前的做法作为营建规范，不预先制定成

---

　　① 李书钧：《中国古代建筑文献注译与论述》，机械工业出版社1996年版。

文法典。也正因为如此，经类和史类的书也就往往成了各朝法典的来源
或直接依据。

表2-4　《中国古代建筑文献注译与论述》中典章文献分析

时期	部类	著作	文献	涉及内容
先秦		《竹书纪年》	殷墟	宫室殿堂
	史部别史	《逸周书》	作洛	城市营建
	经部	《诗经》	公刘	城池选址
	经部	《国语》	赵文子为室	建筑等级制度
	经部	《论语》	山节藻棁	建筑等级制度
	史部	《越绝书》	阖闾城	城市营建
	史部地理	《齐乘》	齐都临淄	建都准则
秦汉	史部政书	《汉旧仪》	前汉诸帝寿陵	陵寝制度
	史部	《汉书》	论守边备塞疏、新莽"九庙"	营邑立城、制里割宅
	史部	《后汉书》	梁冀大起第舍	宅邸形制
魏晋南北	史部	《魏书》	白马寺	庙宇形制
	史部方志	《文选理学权舆》	魏宫阙	宫殿形制
	史部别史	《建康实录》	建业	都城形制
	史部	《晋书》	统万城	城市形制
隋唐	史部方志	《长安志图》	昭陵图说	城市形制
	史部地理	《唐两京城坊考》	唐长安外郭城，大明宫	都城形制
	史部	《隋书》	六合城	城市形制
	史部	《唐会典》	营缮令	建筑等级制度
宋元	史部	《宋史》	东京大内、万岁山艮岳	宫殿形制
	史部	《元史》	元大都	都城形制
明清	史部地理	《大明一统志》	京师	都城形制

近几年来，学者针对有关中国古代营建典章整理较为完整且最具代

表性的成果为刘雨婷的《中国历代建筑典章制度》①，该书对大量中国古代经史类书籍进行了整理，收录了历代典章中有关建筑官职及其品秩、执掌的记录、营建典章制度及相关则例，由于其收录研究的书目覆盖面十分全面，因此该书作为了本课题研究的重要基础史料来源和史料检索导引。

（2）城市营建典章制度研究

典章制度研究可分为两种类型，一种是将典章制度文献本身作为研究对象，另外一种是制度本身为研究对象。直接将城市营建典章制度文献作为研究本体的研究很少。通过非完全的研究文献归类来看，一般都是将典章制度文献作为史料论据来考证其观点概念，典章制度文献成为其证明观点的论据，这一类研究占大多数。如《中国古代建筑史》五卷集②在研究中国古代建筑时，引用了大量古代典章制度作为史料考证，验证作者的各类观点。以某一制度为研究本体的研究，主要有贺业钜先生的《考工记营国制度研究》③、杨宽先生的《中国古代陵寝制度史》④、《中国古代都城制度史》⑤ 等等。其中，贺业钜先生的《考工记营国制度研究》以现代城市规划的观点对中国古代城市营建制度进行系统研究最为典型。同时，该研究也有很多涉及中国古代城市设计思想的问题。

根据贺业钜先生的研究，《周礼·考工记》本身为春秋战国时齐人所作，因《周官》六篇的冬官已阙，取《考工记》以补之⑥。《考工记》内容述及的多是具有制度性的生产操作规程、技术规范，是国家

---

① 刘雨婷：《中国历代建筑典章制度》，同济大学出版社 2010 年版。
② 刘叙杰等：《中国古代建筑史》5 卷本，中国建工出版社 2003 年版。
③ 贺业钜：《考工记营国制度研究》，中国建工出版社 1985 年版。
④ 杨宽：《中国古代陵寝制度史》，上海人民出版社 2008 年版。
⑤ 杨宽：《中国古代都城制度史》，上海人民出版社 2006 年版。
⑥ 闻人军：《考工记导读》，中国国际广播出版社 2008 年版。

制订的一套指导、监督和考核手工业、奴隶生产工作的制度①。贺业钜先生则以专业的角度详细的分析了周代营国制度的产生背景、王城规划制度（包括城的形制及规模、城的规划结构、城廓制度、城垣制度）、宫城规划（宫城规划结构、宫垣及宫门、三朝规划制度、寝宫规划制度、官府次舍及其他设施规划）、庙社规划（宗庙规划、社稷规划）、市里规划（市制及市场规划、里制及闾里规划）、道路规划（道路制度、道路规划）等。在结论中，贺业钜先生提出，"奴隶社会城邑建设的目的就是'筑城以卫君'，城的性质实际上就是奴隶主的政治城堡，城邑的一切设施都是按照这一特性进行安排"②。因此，周代城市的空间秩序不但要体现社会秩序，同时，还应对这种秩序起着维护作用，也就是功能意义和象征意义的统一。周代营国制度从西周宗法政治观念出发，将宗族关系演化为城市内部空间关系和国家城邑之间的关系，将各级城邑和城市内部空间分主从，定名分，以大制小，以主制从，在城市空间上更进一步强化了社会的宗法与政治统属关系。为了贯彻这一制度，"营国制度"被作为礼制的一部分，并以"礼法"的手段在营建中保障执行。周代以后，由于中国古代各朝各代数千年的宗法社会本质没有改变，因此，宗法礼制为各朝代所继承。而这一套上升为礼制的"营国制度"自然也常被各朝各代所沿用。正如贺业钜先生所说，"它奠定了中国古代城市规划体系的初步基础，如此评价是并不夸张的。"③

贺业钜先生针对周代《考工记》营国制度的研究，一方面为中国古代城市规划提供了案例与古代典章相结合的研究方法，另一方面也为本课题——城市设计礼制思想的研究提供了理论依据。贺业钜先生指出"强调礼治规划秩序，是这个体系（指营国制度）传统的基本精神"④。

---

① 戴吾三：考工记图说，《城市规划》，2008 年第 8 期。
② 贺业钜：《考工记营国制度研究》，中国建工出版社 1985 年版。
③ 贺业钜：《考工记营国制度研究》，中国建筑工业出版社 1985 年版，第 140 页。
④ 贺业钜：《考工记营国制度研究》，中国建筑工业出版社 1985 年版，第 141 页。

既然从城邑体制直至具体空间营建，无一不受礼制约束，那么礼制的思想成为整个营建体系的主要设计逻辑也就成为必然，城市设计思想也不例外。

小结

以上研究文献分析可以看出，在中国古代城市设计研究上已取得了许多成就，但针对中国古代城市设计思想的研究问题，仍有如下几个缺乏：

①缺乏城市设计礼制思想的系统研究。礼制思想极其深刻地影响着中国传统社会，也影响了城市设计。但我们的研究往往只是局限在"营国制度"本身，而无"礼制"内涵的发展过程剖析。

②缺乏专业文献视野之外的史料研究。专业文献史料的缺失，并不代表没有相关史料，如方志、古代美术作品、古代城图、古代小说等等，其实都是研究的重要文献。

③缺乏对最新考古成果的取证研究。很多的研究文献，在取证研究上基本还借助于 20 世纪 80 年代前的考古成果基础上。中国古代城市考古在经过近 30 多年发展又有很多新的发现，取证研究不仅仅是个结果，更应该是一个不断更新的过程。

2.4 "中国古代"时期划分和本研究时空选取

2.4.1 "中国古代"时期划分方法

"中国古代"是一个时间概念，一般来说 1840 年以前都称为中国古代。根据辩证唯物历史发展观的社会经济形态视角，这一段时间可分为：史前时期、奴隶社会时期（夏至春秋）、封建社会时期（战国至清中叶）三个时期。史学家白寿彝先生将这些时期具体分为：史前时期（原始社会，距今约 50 至 40 多万年前）、传说时期（原始向奴隶社会过渡时期和奴隶社会，约前 2070 年）、先秦时期（奴隶社会前 2070 年和奴隶向封建社会过渡时期前 256 年）、秦汉时期（封建社会的成长期）、魏晋南北朝隋唐时期（封建社会发展期）、五代宋元时期（封建社会继续发展）、明清时期（封建社会的衰老期)①。当然也有学者提出其他看法，如田昌五教授就将中国历史分为：洪荒时代、邦族时代、帝国时代②。

除历史学家对中国历史进行划分外，其他学科的研究者也根据其研究的角度对中国古代进行了时期划分。哲学史家侯外庐先生在《中国思想史纲》③ 一书中将中国古代发展年代划分为：奴隶制社会向封建制社会过渡期（殷商代至春秋战国）、中国封建制度前期（秦至隋）、封建制度后期第一阶段（唐至明）、封建制度后期第二阶段（晚明至晚清）。中国礼制史研究学者陈戌国教授将中国古代历史划分为：先秦时期、秦汉时期、魏晋南北朝时期、隋唐五代时期、宋辽金夏时期、元明清时期六个阶段④。

建筑学方面，由中国建筑史编写组编写的《中国建筑史》⑤，将建筑发展与社会经济发展建立起时间联系，从社会经济角度将"中国古代"分为：原始社会（六、七千年前～公元前 21 世纪）、奴隶社会（公元前 21 世纪～476 年）、封建社会前期（战国至南北朝，前 475 年～公元 589 年）、封建社会中期（隋至宋 581 年～1279）年、封建社会后期（元、明、清 1279 年～1911 年）。

---

① 白寿彝：《中国通史》，上海人民出版社 2005 年版。
② 田昌五：《中国历史分期问题》，上海社会科学院学术季刊，2000 年第 4 期。
③ 侯外庐：《中国思想史纲》，中国青年出版社 1980 年版。
④ 陈戌国：《中国礼制史》（1～6 卷），湖南教育出版社 2002 年版。
⑤ 中国建筑史编写组：《中国古代建筑史》，中国建筑工业出版社 1993 年版。

园林方面，周维权教授在《中国古典园林史》[①] 一书中，从其园林发展的角度将"中国古代"分为四个阶段：中国园林的生成期（商、周、秦、汉 BC16 世纪~220 年）、中国园林的转折期（魏、晋、南北朝 220 年~589 年）、园林的全盛期（隋、唐 589 年~960 年）、中国园林的成熟期（宋、元、明、清初 960 年~1911 年）。

城市规划方面，贺业钜先生在《中国古代城市规划史》[②] 一书中结合城市的形成，将"中国古代"划分为：体系胚胎发生期（传说五帝时期前 26 世纪~前 21 世纪，原始社会向奴隶社会过渡时期）、体系形成期（前 21 世纪~前七世纪，奴隶社会）、体系传统革新探索期（前 6 世纪~1 世纪初，封建社会前期）、体系传统革新成熟期（1 世纪至 19 世纪中叶，封建社会中后期）。

表2-5 各专业研究对中国古代历史时期划分表

BC1047年	BC770年		BC221年BC202年		220年 265年 420年	581年 618年		907年 960年		1271年 1368年 1644年			1840年
夏、商	东、西周	春秋	战国	秦	汉	三国 晋	南北朝	唐	五代十国	宋	元	明	清

史学家白寿彝的划分法

史前和传说时期（原始社会）	先秦时期（奴隶社会和奴隶社会向封建社会过渡时期）	秦汉时期（封建社会成熟期）	魏晋南北朝隋唐时期（封建社会发展期）	五代宋元时期（封建社会继续发永期）	明清时期（封建社会衰老期）

史学家田昌五的划分法

邦族时代	前帝国时期	中帝国时期	后帝国时期

哲学史家侯外庐的划分法

奴隶制社会向封建制社会过渡期	中国封建制度前期	中国封建制度后期第一阶段	后期第二阶段

礼制史研究学者王戎国的划分法

先秦时期	秦汉时期	魏晋南北朝时期	隋唐五代时期	宋江金夏时期	元明清时期

中国建筑史编写组划分法

原始社会	奴隶社会	封建社会前期	封建社会中期	封建社会后期

周维权先在《中国古典园林史》中的划分法

园林生成期	园林转折期	园林的全盛期	园林成熟期

贺业钜在《中国古代城市规划史》的划分法

体系胚胎发生期	体系形成期	体系传统革新探索期	体系传统革新成熟期

通过各个学科专业对中国古代时期划分法来看，其划分主要表现两种方法，一种为社会经济形态划分法，如一些历史学、哲学、建筑学、城市规划学等，另外一种为针对研究对象本身演变特点的演变划分法，

① 周维权：《中国古典园林史》（第 2 版），清华大学出版社 1999 年版。
② 贺业钜：《中国古代城市规划史》，中国建筑工业出版社 2003 年版。

如园林学。两种划分方法的使用主要取决于研究对象本身。如研究对象内容明确，发展脉络清晰，选取第二种方法的就较为常见。如研究对象内容界定很抽象，发展脉络成隐性状态，并受社会经济的影响极大，一般就采用第一种方法。如历史学、哲学、建筑学（建筑学也有采用第二种划分法的研究）、城市规划学等。当然，有时为便于多视角的研究，两者方法之间也会适当地相互借鉴，进行时间上的协调。

2.4.2　本研究对中国古代时段划分和研究时间跨度选取

礼制思想起源于原始的祭祀，比城市历史更为久远。但城市设计礼制思想应该为礼制思想扩展到城市营建活动后的产物。因此城市设计礼制思想与城市的起源密切相关。中国古代城市的起源，学术界有多种观点，如防御说、地利说、礼仪中心说、政治权力说等。但比较公认的是，中国最早的城市产生于原始社会末期，即原始社会向奴隶社会的过渡时期，经历了一个相当长时期的萌芽、发育和成型的过程，大体至夏朝后期已基本形成①。而后，又经过近千年的实践，到西周时期，城市营建制度开始出现。

中国古代城市设计礼制思想萌芽在原始社会祭祀活动之中（表现为对祭祀空间的安排），但其真正成型并不与城市成型时间一致。因为城市设计礼制思想是一种上升到理性认识的认识，是要用来指导城市实践的。根据城市起源和发展过程来看，上升到理性认识的城市营建礼制思想出现在西周时期，并以城市营建制度确立作为其标志。因此，中国古代城市设计礼制思想的出现时间是以"礼制"为核心的营国制度出现为标志的西周时期。

自中国古代城市设计礼制思想出现后，它就常常作为城市公共空间和景观环境的营建行为规范，指导中国古代城市营建实践，并且随着礼

---

① 庄林德，张京祥：《中国城市发展与建设史》，东南大学出版社 2002 年版。

制的演变而演变。因此本研究认为，西周城市营建制度的出现是古代中国城市设计礼制思想的时间起点，而1840年中国进入近代为其终点。结合中国古代社会经济、思想文化以及城市的发展，可大略将中国古代城市设计礼制思想分期如下：

表2-6 中国古代城市设计思想发展分期表

分期		起讫年代		历史时期	附注
编号	名称	朝代	公元纪年		
1	孕育和形成期	传说时期至西周	前3000年~前475	洪荒、邦族时期	标志"营国制度"
2	革新期	战国至西晋	前475年~317年	前帝国时期	以秦汉为中心
3	发展期	从南北朝经隋唐跨五代至后周	317年~960年	中帝国时期	以隋唐为中心
4	成熟期	宋至清1840年	960年~1840年	后帝国时期	以明清为代表

注：此处主要采用了史学家田昌五先生历史大循环规律观点，进行分期。根据田昌五先生观点大循环底蕴即为1. 作为基础的土地关系的大循环；2. 中国历史工商业形态变化；3. 农民起义和农民战争大循环；4. 社会危机和民族危机后的新一轮土地再分配和土地关系大循环；5. 以玄学、理学和实学为代表的中国传统思想文化三次周期性的演变；6. 中国历史上的法律制度周期性变化；7. 边疆民族入主中原导致汉族的更新换代；8. 中国历史上的法律制度周期性变化等。[①]

宋元明清的这段历史是中国封建社会后期，即贺业钜先生提出的中国古代城市规划"体系传统革新成熟期"[②] 后期，也大致与田昌五先生所说后帝国时期重合。这段时期从宋开始，租佃制代替了隋唐以前的部曲佃客制，小农经济得到迅速发展。以小农经济基础的宗族共同体进一

---

① 田昌五：《中国历史体系新论续编》，山东大学出版社2002年版，第198页。
② 贺业钜：《中国古代城市规划史》，中国建筑工业出版社1996年版。

步发展，以宗法伦理为核心的礼制也得到进一步强化，进入了宗法社会的鼎盛期①。在思想上，理学开始兴盛，哲理文化盛行，技术科学发展迅速。在经济上，商品经济的发展也带来了城市的繁荣。城市空间结构不断拓展、城市生活变化巨大，市井文化勃然兴起。可以说宋代在中国城市发展史、社会生活史及文化史上都具有里程碑和划时代的意义，并下启元明清三代。

本文以宋元明清为研究的时间限度，力图梳理此段历史的城市设计礼制思想发展脉络。考虑到宋元时期文献资料较少，实物难觅。而明清的时期不但文献较齐全，许多实物遗迹及其文史资料还存世。同时，明清城市设计礼制思想基本是对宋元的延续和发展。因此，本文确立了以宋元明清时期（公元 960 年～公元 1840 年）为研究的时间限度，并以明清实例作为本次研究的重点。

2.4.3　研究地域空间范围选取

"中国古代"既是一个时间的概念，同时又是一个空间地域概念，这个空间地域的范围对实证互动对象（城市）有着直接的影响，因此有必要对中国古代地域空间进行明确的界定。出于与历史学时间（朝代）吻合的考虑，本文所研究的"中国古代"在地域空间边界上与历史学研究的各个朝代的边界一致，此处以谭其骧先生的《中国历史地图集》② 中各朝代边界为准。并以汉族地区的城市为主要研究对象，暂不涉及少数民族。主要研究的典型城市为宋元明清的都城和地方府、县城。

---

① 魏义霞：《理学与启蒙》，商务印书馆 2009 年版，第 46 页。
② 谭其骧：《中国历史地图集》，中国地图出版社 1982 年版。

2.5 研究创新点

（1）研究对象的创新。

中国文化已有几千年的历史，它孕育了中国特色的城市设计思想。一直以来，学术界对中国特色的城市设计问题探讨很多，但专门针对中国古代城市设计思想的研究却很少，较多是与中国古代城市规划以及建筑混合在一起来论述的，至今还没有一本全面系统的专门性研究著作，因此，本研究通过中国古代礼制制度分析以及城市设计实例分析，总结中国古代城市设计礼制思想内容及其特征，为中国古代城市设计思想研究做出部分工作。

（2）研究方法的创新。

学术界以往对中国古代城市设计的研究主要侧重在对城市营建的实证研究上。本文以古代城市设计礼制思想为研究对象，从古代社会政治、经济、文化背景入手，通过对古代城市营建和管理制度剖析，再到古代城市设计思想内容特征分析，使古代城市设计礼制思想得到更完整的体现。最后从哲学角度对思想进行价值观、认识论、思维方式等方面剖析，可以说是第一次从认识思维角度来具体分析城市设计思想的有益尝试。

（3）研究观点的创新。

一直以来，学术界对中国古代城市设计思想内容并没有一个系统的整理，也没有城市设计礼制思想的明确提法。笔者通过本文的研究，不仅向学术界展现了宋元明清时期"城市设计礼制思想"的整体情况，梳理其来龙去脉，而且以哲学视角分析"城市设计礼制思想"的本质所在。总结了宋元明清时期"城市设计礼制思想"基本内容："君权至上"、"等级分明"、"礼教仪式"等，以及城市规划、建筑设计、园林设计中礼制思想各自发展的不同与侧重（以往研究没有区分各设计领域中的差别）。同时，通过认识思维的分析，发现了在中国古代知识结构体系以及基于传统礼制文化形成的思维方式下，以城市设计礼制思想指导城市空间和景观环境营建的必然性。

2.6　研究框架

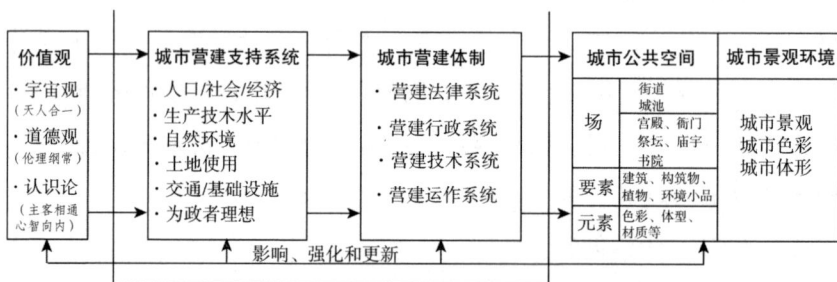

图 2-1　古代城市空间环境形成的概念框架图

"人工科学"的观点搭建了设计思想与城市这一"物"之间研究的桥梁，也为本研究搭建了相应的研究逻辑框架（如图 2-1）。本研究一方面需从各种设计思想的载体（制度、城市）中去理解这一设计逻辑的体现；另一方面需从思维方式中寻找城市设计礼制思想的设计逻辑，即礼制的设计思想如何看待人与人、人与物、人与自然、自然与物、物与物的关系。在思维方式

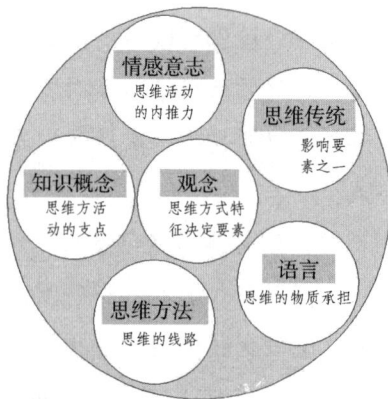

图 2-2　思维方式构成要素示意
（图表来源：依据许瑞祥 1994 绘）

中寻找其设计逻辑，就应根据思维方式构成要素①（如图 2 - 2）来回答礼制思想的设计价值观、设计知识结构和设计思维方法等几个基本问题。

全文总共由四个部分构成。第一部分为绪论、第二部分为社会政治经济文化背景研究、第三部分城市设计礼制思想内容研究、第四部分城市设计礼制思想哲学研究。

绪论部分包括第一、二章，内容为选题的背景及意义、研究现状、论文基本框架、概念界定、研究方法、论文理论基础及创新之处。

社会政治经济文化背景研究为第三章，本部分对宋元明清时期政治、经济、思想文化背景进行了相应分析，并对此时期城市营建技术制度、城市管理制度以及此时期的城市生活进行了研究，揭示了此时期城市设计礼制思想的生存土壤和实践的制度条件。

城市设计礼制思想内容研究部分包括第四章和五章。将宋元明清时期城市设计礼制思想内容进行概括，并一一实证，在实证中比较各朝之间的差别。与同时期城市规划、建筑设计、园林设计中的礼制思想进行比较，分析其差别，结合各设计分析其差别产生原因。

城市设计礼制思想哲学研究部分为第六章。此部分从认识论思维角度入手，分析古人的营建思维方式，了解其设计思想的哲学，包含有礼制的设计价值观、礼制的设计认知结构、礼制的设计思维方式三块内容，通过此分析，挖掘古代城市设计礼制思想的本质核心。

---

① 许瑞祥：《论思维方式的构成》，《南开学报》1994 年第 3 期，第 40 ~ 45 页。

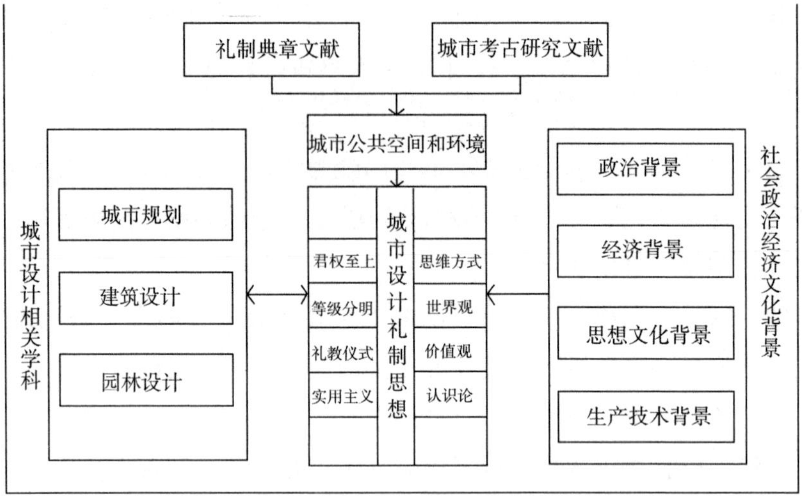

图 2-3 论文研究框架图

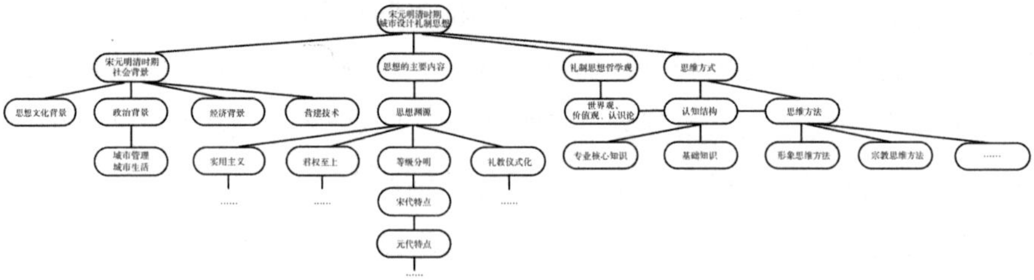

图 2-4 城市设计礼制思想逻辑树图

3 宋元明清时期社会背景与城市生活

3.1 宋元明清时期政治背景——城市设计礼制思想的权力保障

3.1.1 宗法礼制社会与宗法家族专制集权制

根据贺业钜先生在《中国古代城市规划史》① 的时期划分，北宋至清末（公元 1840 年）这段历史时期为后期封建社会。就政治而言，此时期宗法家族的专制集权制度得到进一步加强。从"周公制礼"的典故来说，早在西周时期，中国就进入了典型意义上的宗法礼制社会。但什么是"宗"？《说文解字》中解释，"尊祖庙也，从示"。《白虎通义》解释，"宗者，尊也。为先祖主者，宗人之所尊也"，即大家共同供奉的一个祖先。"宗"和"族"相比不同在于主从差别上。"宗法"是用来确定"宗"，分清主与从的。而"宗法"分主从的原则就是以血缘关系为准则，依据血统、嫡庶法则来管理家族内部的各种事务。宗法社会的基本制度结构是礼法并举②。王国维在《殷周制度论》称："周人制

---

① 贺业钜：《中国古代城市规划史》，中国建筑工业出版社 1996 年版，第 550 页。

② 胡健，董春诗：《宗法社会与市民社会的比较》，《人文杂志》2007 年第 3 期，第 171 页。

度之大异于商者，一曰立子立嫡之制，由是而生宗法及丧服之制，并由是而有封建子弟之制，君天子臣诸侯之制……"宗法社会的社会单位以血缘关系的人组成的宗族。这些宗族在同一地理空间下聚居在一起，同时形成相对独立的社区。宗法社会中，国家与社会无论在形式上还是本质上都是高度一体的，家族秩序与国家秩序都是统一在"礼"之下，并相互叠加混杂，并由此形成家国一体的政治体制。以"宗法为核，礼制为表"的中国古代社会形态也是中国宗法社会的独特之处。"宗法礼制社会"则是依据宗法原则确立并维护既定的阶级关系和社会关系，并以礼法来保证统治阶级的地位和利益。

与宗法社会相适应，古代中国形成了宗法家族专制集权制的政权组织形式。这一制度几乎贯穿了整个中国史。宗法家族专制集权制度的基础是血缘关系，主要体现为血缘家族关系，其核心是父子关系演化为国家政治制度的君臣关系[1]。皇帝制度则是宗法家族专制集权政治制度中的最高层次。君臣即皇帝与官僚，他们完全垄断了国家一切政治权力。国家为皇帝所私有，国家的政治制度如同家族结构。政府的实质就是皇帝的"家"的管理机构，"国家"事务围绕着皇家事务而展开。

宋元明清时期，社会依然为宗法礼制社会。宗法家族专制集权制度则因自宋代开始，为防止分裂割据而极力加强中央集权，被进一步强化。

3.1.2 "宗法为核，礼制为表"的行政管理制度

皇权为实现社会统治有着相应的行政管理制度。从张晋藩先生的《中国古代行政管理体制研究》[2]、袁刚的《中国古代政府机构设置沿革》[3]、卢广森等的《中国古代行政管理概论》[4] 来看，宋元明清时期

---

[1] 曾小华：《中国古代政治制度的独特类型及其特征》，《中共浙江省委党校学报》2005 年第 6 期，第 23 页。

[2] 张晋藩：《中国古代行政管理体制研究》，光明日报出版社 1988 年版。

[3] 袁刚：《中国古代政府机构设置沿革》，黑龙江人民出版社 2003 年版。

[4] 卢广森，王进国：《中国古代行政管理概论》，河南人民出版社 1993 年版。

行政管理制度本质上延续了过去为皇帝服务的性质（行政管理为皇帝服务最早在《周礼》有所体现。从《周礼》职官所掌分析表分类就可以看出，（详见附表 3－1），但在形式上却在不断调整，以加强皇权对行政的控制力。

依据张晋藩先生等的观点，先秦时期，"封国土，建诸侯"，礼乐政刑相配合的行政管理体系是当时行政管理的典型代表。整个社会从贵族到平民，都以"家"为本位，修宗庙、建宗祠（一般官员及平民的祠堂，始见于战国，至两汉，魏晋至隋唐时则一度禁止建私祠，宋代官员又开始可建祠堂，明清则平民百姓亦开始建）、置族田、立族长、订族规，依据宗法规定的血缘法则，对社会各成员进行尊卑的划分。西周时在周公倡导下，制定出《周礼》作为整个国家行政管理制度和社会生活法则。这样，不管是当时的社会生活，还是文化信仰；不论政治行动，还是行政司法，都囊括在《周礼》之中。用《周礼》规范社会，体现了当政者理想化的国家行政模式，同时也构建了系统的国家管理体制。通过对《周礼》六官的分析，"六官"基本就是依据职能和宗法等级两条线索进行分类，从而建立君王针对整个国家的管理体系（如图 3－1）。需要说明的是，先秦时期在分封制影响下，君王对诸侯属地管理很松散，特别是战国时期，诸侯基本自己立法管理领地内的大小事宜。

表 3－1 古代中国历史各时期行政制度一览表

时期	社会形态	政治、经济体制	中央行政组织	地方行政组织
先秦	宗法社会 等级制 世袭制	君主集权 封建领主制（领主在领地享有行政、司法权，所辖庶众对领主有法定的人身依附，土地不得转让）	国家行政：诸侯分立制，分封制 中央行政：三公、六卿	地方行政："分土封侯"，职官与中央政府大体对应

续表

时期	社会形态	政治、经济体制	中央行政组织	地方行政组织
秦汉魏晋南北朝	宗法社会等级制世袭制	皇帝制度（君主集权）地主制（地主占有与自耕农占有并存，地主田土是自经营、自买卖的私产，土地可买卖、农人有一定程度身份自由的时代）	中央行政：三公九卿	郡县制 地方行政：在地方并置分级统治
隋唐	宗法社会等级制世袭制	皇帝制度（君主集权）地主制	中央：三省六部二十四司九寺五监	地方分道、州、县
宋元	宗法社会等级制世袭制	皇帝制度（君主集权）地主制	中央行政：二府三司制与一省制，中书省为最高行政机构，下领吏、户、礼、兵、刑、工六部	设行中书省，由中央委派官员管理，路、州（府）、县三级制，知府、知州、知县为中央官吏，其余地方长官皆为临时差遣。
明清	宗法社会等级制世袭制	皇帝制度（君主集权）地主制	中央行政：皇帝独裁，有内阁、南书房、军机处、六部五寺、三院、二监、二府	在地方，实行三司分权。承宣布政使司；提刑按察使司；都指挥使司互不统属，分别归中央有关部门管辖。

注：资料来源张晋藩先生《中国古代行政管理体制研究》、袁刚《中国古代政府机构设置沿革》、卢广森等的《中国古代行政管理概论》。

针对人和事，事无巨细，人分贵贱涉及
社会、政治、经济乃至吃、穿、住、行

礼制

王
诸侯
卿
民

王城
诸侯国都城
采邑城
家
（从属于以上空间）

管理制度　身份等级　空间所属

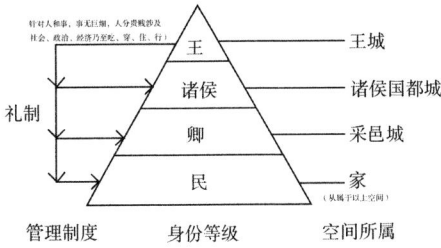

图3-1《周礼》体现的管理层级

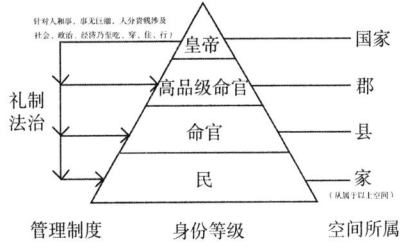

针对人和事，事无巨细，人分贵贱涉及
社会、政治、经济乃至吃、穿、住、行

礼制
法治

皇帝
高品级命官
命官
民

国家
郡
县
家
（从属于以上空间）

管理制度　身份等级　空间所属

3-2　秦汉以后的行政管理层级示意

表3-2　宋元明清地方行政管理机构及职掌沿革

时代	行政机构层级	一级行政体制		二级行政体制		三级行政体制		四级行政体制	
		名称	职掌内容	名称	职掌内容	名称	职掌内容	名称	职掌内容
宋	三级	路	监察本路的行政、军事、财政、司法。其官员都由中央官兼摄，亦属临时差遣性质其官署和官吏设署类似后来的省。	州（府、军、监）	总领一州民政，负责州内政令贯彻执行及风俗治理、赈灾救济等"劝农桑"，"理财赋"，"实户口"；统领一州财赋事务；主持州级司法政务；对一州属官监察保举	县	受监司、通判、知州的监督，实户口、征赋税、均差役；兴水利，劝农桑；领一县兵政，维持一县社会治安；惩恶扬善，以德化民，兴办学校；安抚天灾及赈济贫民；平决狱讼		
元	四级	省	本省行尚书台，实处于全权负责的地位	路（府）	设总管府，总管一路之政。负责财政、司法、行政。后功能与州混同。	州（军）	总管一州之政。负责财政、司法、行政。	县	与宋时县基本同

续表

时代	行政机构层级	一级行政体制		二级行政体制		三级行政体制		四级行政体制	
		名称	职掌内容	名称	职掌内容	名称	职掌内容	名称	职掌内容
明	三级	省	本省政务、司法和军事	府	明朝将元朝的路改为府，知府为其长，掌一府之政，除军事以外无所不管。"宣风化，平狱讼，均赋役，以教养百姓"。	县	贯彻上级政令，负责本县农业生产、社会治安以及救济、教育等事务。所掌较府州更重实际，多为赋役民政之事。		
清	四级	省	本省政务、司法和军事。设总督一员，总理该管地方外交、军政，统辖该管地方文武官吏，并兼管所驻省份巡抚事，总理该省地方行政事宜。巡抚总理地方行政，统辖文武官吏	道	清乾隆时设，为省派出行政机构，链接省政府与各州、县的桥梁，主要职责是负责考核辖区的吏治，审理大案，督导农桑，整肃税源。	府（直隶厅、直隶州）	传达皇帝诏令，每年巡视属县；观风俗、救济鳏寡；平狱讼等	县（散厅、州）	分京县、首县、附郭县、犄角县。总掌一县之政；负责管理全县赋役；负责户口管理；听狱讼，察冤滞，负责救济；推荐人才。

　　注：资料来源张晋藩先生《中国古代行政管理体制研究》、袁刚《中国古代政府机构设置沿革》、卢广森等的《中国古代行政管理概论》

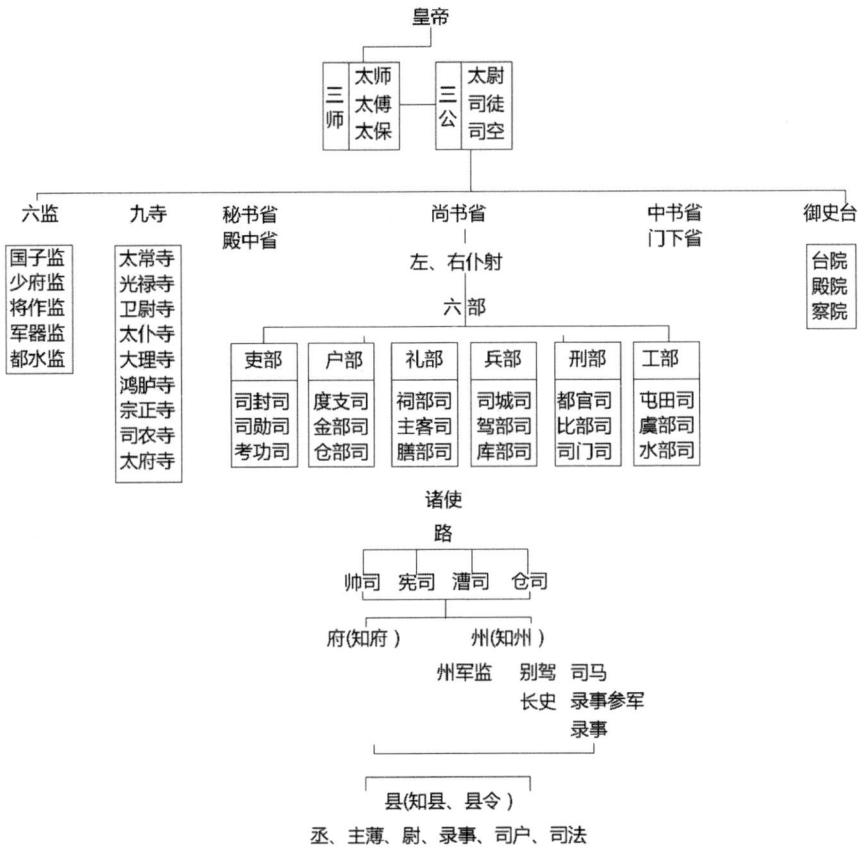

图 3 – 3　宋代行政管理机构示意

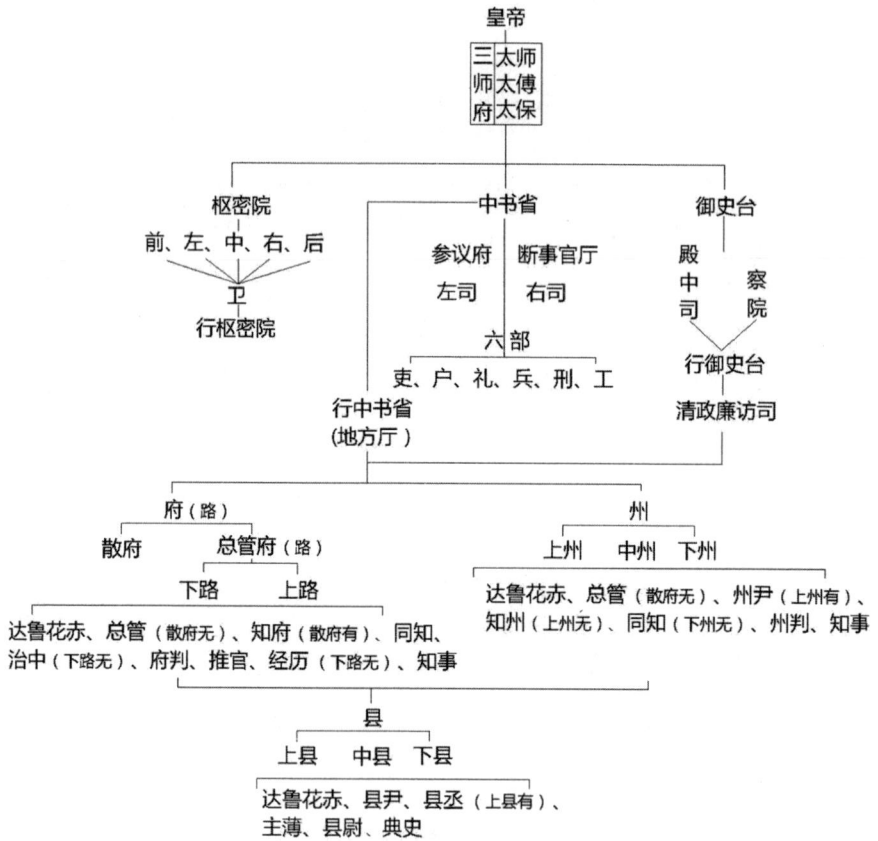

图 3-4　元代行政管理机构示意

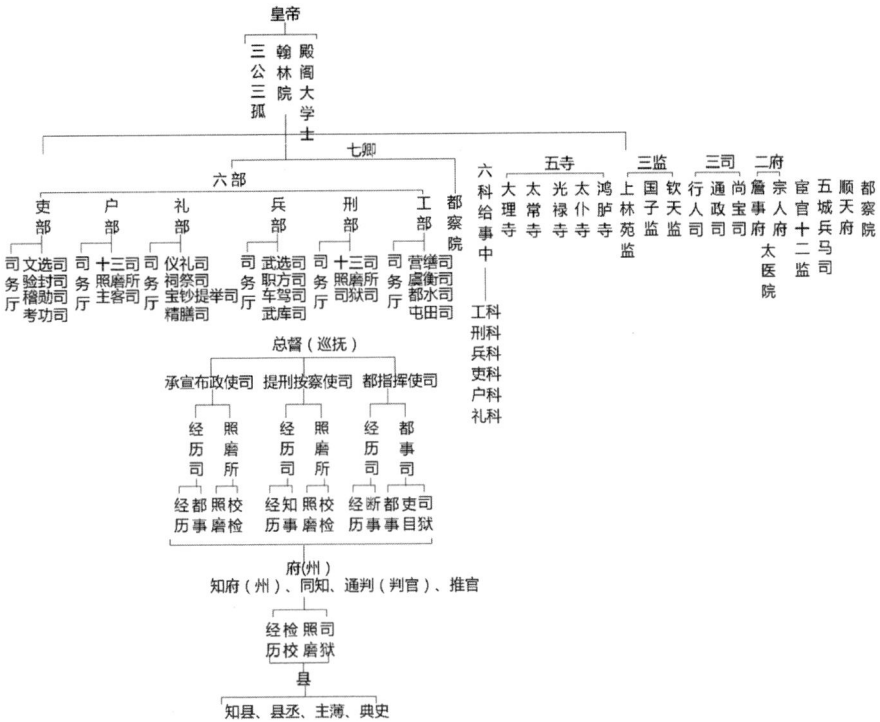

图 3-5　明代行政管理机构示意

皇帝

三师：太师、太傅、太保

三公：太尉、司徒、司空

三殿：文华殿、武英殿、保和殿

三阁：文渊阁、体仁阁、东阁

军机处

六部

吏部：司务厅｜文选司、验封司、稽勋司、考功司

户部：司务厅｜十四司、三库、银库、缎匹库、颜料库、内仓、户部仓场、总督仓场、坐粮厅、大通桥、京仓、通州仓

礼部：司务厅｜仪制司、祠祭司、主客司、精膳司、铸印局、乐部、会同四译馆

兵部：司务厅｜武选司、职方司、车驾司、武库司、馆所

刑部：司务厅｜十八司、司狱司、赃罚库、律例馆、提调、纂修、收掌、翻译、誊录

工部：司务厅｜营缮司、虞衡司、都水司、屯田司、制造库、节慎库、料估所、琉璃窑、木仓、管理街道厅、宝源局

理藩院

宗人府：司务厅

通政使司

都察院：六科给事中（工科、刑科、兵科、吏科、户科、礼科）；十五道监察御史（巡仓科道、巡盐科道、巡漕科道、巡城科道、稽查科道）

翰林院

詹事府

内务府

诸仪卫、侍卫、銮仪卫

八旗军营

太医院

太常寺、光禄寺、太仆寺、鸿胪寺、国子监、大理寺、钦天监

总督巡抚

承宣布政使司、提刑按察司、大使

府：知府（州）、同知、通判（判官）、推官

经历、检校、照磨、司狱

县：知县、县丞、主薄、典史

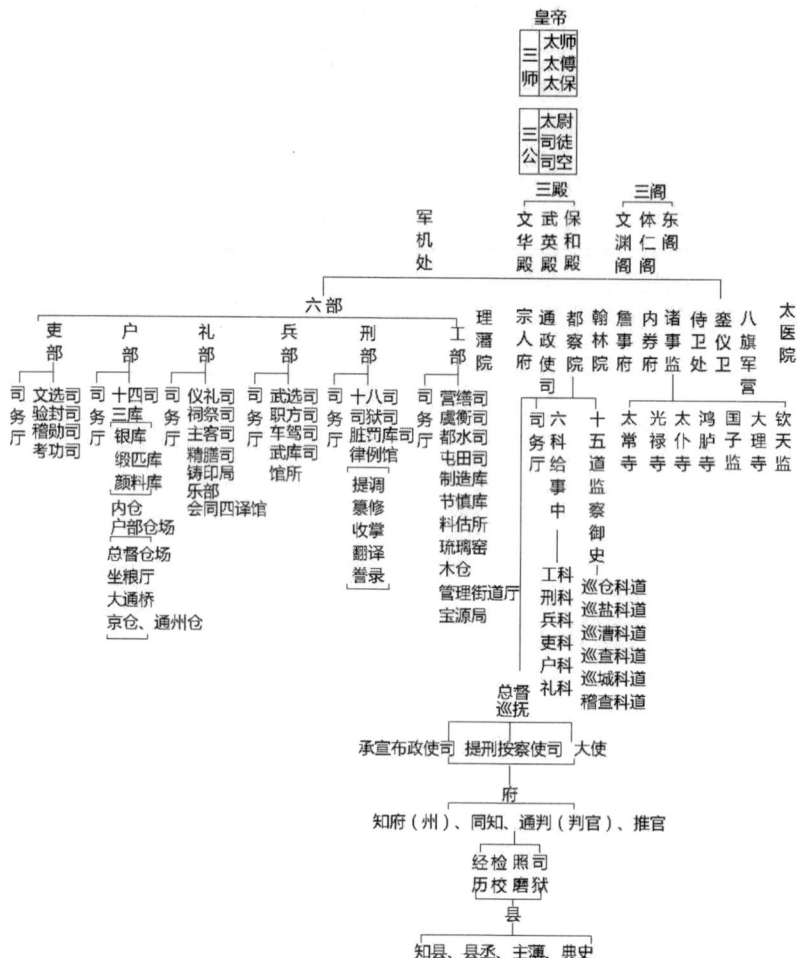

图3-6　清代行政管理机构示意

注：以上四图依据张晋藩《中国古代行政管理体制研究》、袁刚《中国古代政府机构设置沿革》、卢广森等的《中国古代行政管理概论》观点绘制宗法礼制社会、宗法家族专制集权制度以及"宗法为核，礼制为表"的行政管理制度，既是中国古代城市设计礼制思想产生和实现的重要政治背景，也明确了该制度指导下营建的城市空间为皇帝服务的政治目的。

3.2 宋元明清时期经济背景
——城市设计礼制思想的经济支撑

3.2.1 地主制经济下农业经济稳步发展

根据田昌五先生《中国封建社会经济史》① 观点，宋元明清时期在地主制经济制度下，通过对赋役制度不断改革，自耕农经营自由不断扩大，以农业为主的社会经济得到稳步发展。

传统中国社会，农业一直是国家经济的基础，其发展快慢与农业资源的优化资源配置有直接关联。而资源优化配置就是国家、地主、农民之间的利益分配问题。根据方行的《中国古代封建经济论稿》② 所言，中国古代国家对农业的干预有如下三个阶段：从秦汉到唐代中期，国家直接干预农业，其各项政策深入到农业经济中很微小的细节之中，国家对整个农业资源的配置占主导地位；唐代中期到明代中叶，国家对农业的干预开始逐步减少，地主对农业经济的资源配置占据了主导地位；明代中叶至清代前期，国家对于农业的直接干预进一步减弱，以自耕农为主的农民占据农业经济配置资源的主导地位。这三个阶段中，第一个阶段农民被严格的赋役和土地制度所制约，其生产力得不到释放，优化资源配置的余地很小，社会经济发展缓慢。第二个阶段，随着地主制经济的发展，田赋配置农业资源的作用减弱，而地租配置农业资源的作用加强，地主的积极性得到发挥，生产力得到一定程度的释放，资源配置得到一定优化，农业迅速发展，同时也带来了商品经济的发展，社会经济发展加快。第三个阶段，经过赋役和租佃制度的改革，国家和地主都不

---

① 田昌五，漆侠：《中国封建社会经济史》（1~4 卷），齐鲁书社 1996 年版。
② 方行：《中国古代封建经济论稿》，商务出版社 2004 年版。

直接干预农民的生产经营（部分租田地除外），劳动者自主地配置资源，生产力得到进一步解放，农业经济和商品经济得到迅速发展，达到了中国封建经济发展的高峰。

从方行的分析看来，宋元明清时期正是农业资源配置不断优化，农民经营自由不断扩大，农业经济得到快速发展的时期。正是由于农业的持续发展，带来了城市经济的繁荣，也带来了城市空间环境的巨大变化。

3.2.2　农业经济稳步发展带来的商品经济发展

农业文明下的商品经济以粮食生产发展为基础，这既是社会经济发展的综合要求，也是资源配置优化的反映。宋元明清时期，随着农业的不断发展，商品经济开始不断繁荣，并在明清时期发展到中国古代商品经济的顶峰。

根据《中国封建社会经济史》① 的观点，唐代以前，农业在庄园经济和均田制控制下，生产效率低下，农民赋役繁重。生产产品除自用外，农民只有少量产品投入交换，以换取其他生产和生活必需品。商品生产主要由国家和地主主导。皇帝、贵族和各级官吏以及为他们服务的人（匠人多为官匠），都居住在城市中，用他们的收入，与工农业生产者（包括地主与商人）的产品相交换。各地的农副土特产品、奢侈品通过贩运贸易流向城市，形成城市商业，满足城市家庭的消费需求。就商品经济整体而言较为落后，坊市制生产交易形式正与此相适应。

自唐宋以来（唐代中期，两税法取代了均田制，政府正式承认了民户对土地的私有权），随着农业生产发展、封建赋役制度开始松弛、依附农制解体，农民的劳动得到一定程度的解放，普遍以自给性生产为主，商品性生产为辅，用于交换的产品增加。宋代时，部分农民甚至还

---

① 田昌五，漆侠：《中国封建社会经济史》（1~4 卷），齐鲁书社 1996 年版。

成为专门的小商品生产者。随着交换产品的增加,这一时期的地主开始投资于商业和高利贷,进一步促进了商品经济的发展。与此同时,地主和部分小商品生产者移居城市的情况不断增加,也拉动了城市经济的发展。坊市制瓦解,街市产生。

明清时期,经过赋役和租佃制度进一步改革,农民成为最重要的农业资源配置主体。在市场的驱使下,越来越多的原本从事农业生产的农民转化为手工业生产者,以获取更多利益。商品生产得到充分的发展,一些地方甚至成了专业性生产地,如生产陶瓷的江西景德镇、生产丝绸的江南地区等。大部分的地主则逐步从农产品商品生产中退出,转移至商业和金融业(高利贷、票号等)中,中国古代的商品经济也发展到其顶点。农民和手工业者的产品不仅与皇朝、贵族、官吏和地主的租赋收入相交换,农村家庭自身消费需求也日益增长,由此形成了城市、集镇、墟集相关联的多层次市场网络,此时的市场规模也达到了封建社会的最高水平。

商品经济的不断发展,带来城市的繁荣。这不仅为城市设计礼制思想实践提供了强有力的经济支持,也为城市增添了新的空间内容(如街市)。

3.3 宋元明清时期思想文化背景
——城市设计礼制思想的理论动力

3.3.1 宋明理学

经历唐末五代的战乱后，宋太祖赵匡胤问鼎中原。但此时的帝国疆域已经缩小，再无汉唐时睥睨四方、君临万国的气势。在辽国等豪强势力的压迫下，如何凸显国家（帝位）合法性并使其政权长久稳固成为宋朝当政者思考的问题。根据葛兆光《中国思想史》①的观点，当时相当多的知识阶层认为，无论是外虏的威胁，还是内部的分裂，都是国家与秩序的合法性问题。而合法性的获取，首先得通过礼制的恢复与重建，由一系列的礼仪，确认权力的天赋正当性；其次，建立一个有权威的国家系统，恢复和确认政治、经济与文化的秩序，获得民众的认同；再次，是恢复与重建知识、思想与信仰世界的有效性，以教育和考试培养阶层化的知识集团，建立制度化的文化支持系统，以重新确立思想秩序。三种手段环环相扣。而在恢复与重建知识、思想与信仰世界时，汉末时就已逐渐衰落的以神学和经学为特征的儒学，到宋代则以理学的形式得以重建并重新兴盛，而后又被元、明、清各朝奉为官学。

以向世陵的研究②来看，宋明理学以儒家经学为基础，兼收佛、道思想。这样，儒家学说从章句注疏之学（又称汉学）转化为义理之学（又称宋学），儒学也进入一个新的理论高度，儒学的这一提升是儒、释、道逐渐融合的结果。其中典型的代表有如下几位：周敦颐在《太极图书》中搭建了道教宇宙观与儒学伦理学的桥梁，儒学在原有的伦

---

① 葛兆光：《中国思想史卷》，复旦大学出版社 2007 年版。
② 向世陵：《理气性心之间——宋明理学的分系与四系》，湖南大学出版社 2006 年版。

理学基础上有了更深的哲学理论深度；邵雍的《周易》更进一步将道教宇宙论落实到人的伦理心性上；张载提出"心统性情"、"天理人欲"、"天地之性"与"气质之性"、"德性所知"与"见闻之知"等哲学命题，建构了理学的哲学理论大框架；二程提出了极其重要的"天理"概念（天即理，理是贯通宇宙万物的普遍法则，从而以天理为人世间立法）；朱熹则继承程颐的学说，吸收各家优点，把儒家伦理规范上升为"天理"，规定"天理"是万物的规律，是人的价值目标，教导人们去人欲，存天理，修道德，成圣贤，由此而建立起集大成的程朱理学；明代王守仁，则提出"心即理也"，强化自我意识，高扬人的主观能动性。这一观点也为明代后期许多学者所接受，成"王学"。但所有这些，正如李泽厚在《中国古代思想史论》中所说，"如果从宋明理学的发展行程和整体结构来看，无论是'格物致知'或'知行合一'的认识论，无论是'无极'、'太极'、'理'、'气'等宇宙观、世界观，实际上都只是服务于建立这个伦理主体，并把它提到'与大地参'的超道德的本体地位"①。伦理被理学奉为存在于客观物质世界之外的无限神秘的力量，并作为万物的本源，制约着万物的生成发展。而之所以将伦理作为其终极真理，是理学的目的使然，即维护等级森严的封建社会。无论周敦颐、朱熹所坚持的单一绝对的，客观存在，寓于外物"无极而太极"的公共道理，还是陆九渊、王阳明认为的心即理，"心外无物，心外无理"。两者"理"的内涵外延都是一致的，所采用主观唯心或客观唯心角度只是为了说服人们在"理"的规范下，进行思维，以致实现整个社会群体的知识、思想与信仰世界的单一化、绝对化，实现其所谓的"天下大同"。

在城市空间环境意识方面，统治者也在以"理"的标准对城市进行营建，而这种基于"经学"而来的"理"（或者说尊崇"礼"的儒

① 李泽厚：《中国古代思想史论》，三联书店2008年版，第112页。

学穿上了哲学的外衣），"礼"的伦理要求自然成为其设计公理，并由此固化为城市设计礼制思想贯彻于其所有城市之中。礼制思想一旦成为城市公共空间和景观环境的公理后，城市的个性亦开始逐步丧失，留下的仅仅为当时人力无法战胜自然和地域的差别。

当然，随着明代王学的兴起，由"心性"激活了久被压抑的人心，灌输了自我意识后，学术开始有多元思想的趋向。到清初，反对"立宗"，各家更是标新立异，生怕落入他人窠臼①，这却是王学所没有料到的结果。

3.3.2　清代考据学和皇权对思想和真理的全面垄断

依据葛兆光教授的观点，满族入主中原后，沉湎于宋明理学的学者们开始进行反省，认为宋明理学空谈心性、脱离实际。为保存和发展儒学，他们抛弃宋明理学的空谈，转而去研究经世致用之学，开始关注时政与民情，把注意力放在读书博闻、考证求实上来。而清朝统治者也正欲因地制宜，以儒治汉。于是，清朝统治者除了将朱程理学奉为官学外，并极力拉拢汉族学者，如纪昀、陆锡熊、戴震、王念孙等这些考据学大家。考据学在内力和外力的作用下逐渐兴起。当然，在传统中国习惯下，思想逃脱不了政治的掌控。清朝统治者恩威并用，知识分子们当初"经世致用"的理想是很难脱离统治者的控制去实现的，其最终结果除了进行一些考据的工作之外已经没有其他的选择，从"为政治理想而考据"转向"为考据而考据"。

清代统治者以儒治汉，"治统"巧妙的兼并了"道统"，将思想话语的权力垄断在皇权之下，确立皇权不仅在政治上也在道德上的合法性。国家与权力通过对真理的垄断对社会生活和思想进行控制，士人普遍处在"失语"的状态。当权力失去其他力量制衡之后，便通过冠冕

---

① 葛兆光：《中国思想史卷》，复旦大学出版社 2007 年版，第 406 页。

堂皇的政治、道德、人民的名义即真理的名义，挤压其他话语的存在空间。任何其他的思想话语，都已经被彻底剥夺了合法性与合理性。如明代王学兴盛以后已有多元学术与思想的趋向，但到清代中期，这些多元思想在"文字狱"的不断摧残下，渐渐并归一处，知识阶层已经不再有自己独立的空间，整个社会被一整套空洞、教条但又是绝对的"真理"话语笼罩，人们无法逃逸在这种官方认可的语言外，也无法置身于国家的体制之外，中国古代传统思想进入了"万马齐喑"的停滞期。而考据学对思想的全面垄断，致使古代城市设计思想内涵的发展受到极大局限，没有新的思想源泉和动力，中国古代城市设计再也没能跳出其自身的桎梏，这种局面一直维持到1840年西方文化强行进入中国后，才开始新的转变。

3.4 宋元明清时期城市营建技术力量
——城市设计礼制思想的技术保障

3.4.1 城市营建的管理主体

中国古代对营建管理是极其严格的，除民房私宅之外（宋以前），公共性质营建项目都由朝廷官府控制。工匠是国家管理的"户"，材料是国家办理的"厂"，设计是国家颁布的"法式"、"做法"、"则例"①。而对于营建项目管理的历史很早就已开始。据《周礼》记载，冬官管邦事，其首长为大司空，又称为司工，掌管工艺制造及建筑；匠人，掌营建城郭沟洫；职方氏，掌地图；土方氏，掌土地测量；封人，主管建造城邑；遗人，管道路、市场；量人，主管都城和城邑规划、军营建设

---

① 王世仁：《建筑历史理论论文集》，中国建筑工业出版社2001年版。

（详见附表《周礼》职官分类）。周以后的各朝各代就在此基础上不断完善发展形成了专门的管理制度体系。

依据陈茂同的研究①，就中央而言，宋代国家最高工程管理机构为工部，下设四司（如表3-3），主管全国城郭、舟车、器械、钱币、河渠等政令。南宋时，军器监和都水监归工部，并兼管军器所和文思院，工部职权增大。高宗时设制造御前军器所，委任提点官二员和提辖、监造官若干，负责制造武器；文思院负责制造金银、犀玉等，设提辖官一员、监官三员。此外，宋代中书省还分有八房，其中工房掌营造计度及河防修闭。对于宫殿营建则由专门的将作监负责。

表3-3 宋代中央营建管理部门组成演变（图表来源：袁刚，2003②）

省	都司	六部	元丰五年至建炎三年（1083-1129）	建炎三年至隆兴元年（1129-1163）	隆兴元年至祥兴二年（1163-1279）
尚书省	右司	工部	工部	工部兼虞部	工部并行四司之事
			虞部		
			屯田	屯田兼水部	
			水部		
中书省		八房	工房（验收审计）		
		匠作监			

根据张映莹的研究③，元代工部职责与宋代基本相同。此外，元代后宫管理机构——中政院，辖内正司、尚工署，内正司掌中宫百工营缮之役，尚工署掌营缮杂作之役。另外，元代都城守卫机构大都留守司所

① 陈茂同：《历代职官沿革史》，华东师范大学出版社1997年版，第347页。
② 袁刚：《中国古代政府机构设置沿革》，黑龙江人民出版社2003年版。
③ 张映莹：《中国古代的营建职官》，《古建园林技术》1998年第3期，第43~44页。

辖修内司，掌修建宫殿及大都造作等事。

明代国家最高工程管理机构仍为工部，设尚书、侍郎各人，下设总部、虞部、水部、屯田部。后增立四科，并改为营缮、虞衡、都水、屯田四个清吏司。设郎中、员外郎、立事，另辖宝源局、军器局等。除工部外，设单独六科给事中进行监督，分吏、户、礼、兵、刑、工六科，工科掌勘察工部官府公事。

清沿明制，设立工部。由于清属外来民族统治，因此内部官员分满、蒙、汉按一定比例搭配设置。如承政各1人，左右侍郎满、汉各1人，郎中满18人，蒙1人，汉5人等等。据《清会典》所载工部的职掌为："掌天下造作之政令，与其经费，以赞上奠万民。凡土兴建之制，器物利用之式，渠堰疏障之法，陵寝供亿典，百司以达于部，尚书、侍郎率其属以定议，大事上之，小事则行，以饬邦事。"这些管理内容和明代基本相似。不过《清会典》中对于项目分类比较细，通过造价的分类，从而决定营建项目的申建程序。如凡较大的工样如工价超过五十两，料价超过两百两的，要奏报皇帝御批。工料银在一千两以上者，要请皇帝另派大臣督修。对于工部的监督，清代也仿明制，于六科给事中（后并入都察院）设吏、户、礼、兵、刑、工六科，掌勘察官府公事，隶都察统。其中"工科"具体职掌为：掌科抄；掌封驳；分稽各项庶政工科，稽核工程，注销工部文卷。每日派人赴内阁接收工部题本，并按题本内容，抄结各有关衙门分别承办。另摘录两份，一份为史书，供史官记注用，另一份为录书，存储于科署，以备编纂用。另外，清代宫廷营建项目则改了明代工部统一管理的制度，设置了专门的内务府管理，与外形成差别。

表3-4　清代工部及内务府（内工部）组成及职责

总属	司	下设科房	职掌
工部	营缮清吏司	都吏科、营造科、柜科、砖木科、杂科、夫匠科、实房、算房、火房	负责估修、核销都城、宫苑、坛庙、衙署、府第、仓库、营房、京城八旗衙署、顺天贡院、刑部监狱等工程隶属机构有琉璃窑、皇木厂、木仓等。
	虞衡清吏司	都吏科、军器科、窑冶科、柜科、杂科、军器案房、军器算房、窑冶案房、窑冶算房、火房	负责估掌制造、收发各种官用器物、核销各地军费、军需、军火开支，主管全国度量衡制及熔炼铸钱，采办铜、铅、硝磺等事。该司在名义上还主管山泽采用（主要是东珠采集），但此事实际上是由内务府主管。
	屯田河交司	都吏科、准支科、柜科、杂科、匠科、实房、算房、火房	负责陵寝修缮及核销经费，支须物沁主管四司工匠定额及钱粮等，管理各地开采煤窑及供应官用薪炭。
	都水清吏司	都吏科、河防科、桥道科、织造科、拒科、杂科、算房、火房	掌稽核、估销河道、海塘、江防、沟渠、水利、桥梁、道路工程经费，各省修选战船、渡船及其他各种船只核销河防官兵俸饷，修制祭器、乐器；征收船、货税及一部分木税。隶属机构有皇差销算处（负责核销皇帝出巡时各地所用维修桥梁、道路等费用），冰窖（负责收发藏冰）；彩绸库（负责收发制帛、桔轴、彩绸、驾衣、宝砂、棕丝、藤竹）。
	内务机关	清档房	负责收藏档案、主管工部满洲官员之升补差委之事。
		汉档房	负责缮写满、汉题本及黄册事务。
		黄档房	负责考核岁支款项与工需物料，各项工程所用经费及由内务府取用库储料物，随时记载，到冬至之月，会同内务府奏请钦派大臣查奏。
		司务厅	负责签收外省各衙门文书，呈工部堂官阅后，编号登记，分发各司办理。此外，还负责工部各司处吏员工任用管理。
		督催所	按期督催工部四司所办之事，逐月将办过的文件送都察院工科、陕西道注销。
		当月处	负责管理工部印信，并接收在京各衙门文书、发各司办理。
		饭银处	负责收支工部司员饭食银两。

56

总属	司	下设科房	职掌
内务府	营造司（内工部）、养心殿造办处、总理工程处、奉宸苑	木库、铁库、器皿库、柴库、炭库、房库、铁作、花爆作、油漆作、样房、算房。	掌"宫禁之缮修，率六库三作以供令"，同时还兼管出租皇家房产。
			样房负责设计图纸、制作烫样、编制丈尺做法说明。算房负责丈量工程丈尺、应用工料估算、编制工料和工程做法清册，工程竣工结算等事务。

注：资料来源于袁刚的研究。①

　　从宋元明清四代比较看来，中央营建管理部门基本都是集中于工部，其主要职掌内容也基本相同，即负责都城的城池、宗庙、路寝、陵园的营建乃至都城街道、路旁的绿化之事，只是在宫殿营建上及营建监督上略有不同。宋元时期，宫殿营建还完全属于专为皇族内务服务的将作监和中政院，明清时则有部分宫殿营建转交了工部，如殿廷装饰、陵寝工程等。宋元时期无专门的六科监督，但明清时期专门成立隶属监察部门的六科（含工科）。专门设立宫廷营建管理机构，一方面体现工程项目性质的不同而管理分工亦不同的管理思想，在另一方面则体现皇宫廷的神秘性，由此体现皇权的威严。

　　就地方而言，营建管理主体主要集中在府（州）、县，且宋元明清以来职掌内容基本稳定，分科机构也基本相同。府（州）、县的营建管理日常办公为工房。根据《清高宗实录》中载："旧制，钱粮、刑名等项分委承办。设有六房，附于州县公堂之左右，使经制、书吏居处其中，既专一其心志，亦慎重其防闲。"工房经承（吏）称为"工书"，主管全县蚕桑、织造，修筑公署、城防、庵观庙堂，兴修水利、风水坟场，铸造银两，铸造枪炮器械，开剥棚厂船照，销毁制钱、假印、雕刻

_____

①　袁刚：《中国古代政府机构设置沿革》，黑龙江人民出版社 2003 年版。

塑造等事，有关营建管理的内容也多为公共项目，如衙署、城防、庵观庙堂、水利设施、公共墓地等等。兵房、刑房、工房与承发房、西库房布置在府、县大堂的前西厢。另外，对地方重大建筑工程，朝廷则会派员或由各级官府派员筹划、监工，成立临时管理机构，工程完工后即撤销。

从宋元明清四代来看，城市营建管理主体一直为社会管理主体，其组织基本是同构的，管理的项目内容也基本一致，多为公共项目（宫殿和皇帝的宗庙、路寝、陵园其属性为国家项目）。

3.4.2 城市营建的设计主体

在古代，社会分工比较简单，设计和施工并没有明确的界限，施工的指挥者和组织者往往也就是设计者本人。一直到清朝，才出现了专业的建筑设计机构——样房，但设计者仍身兼施工组织、设计两职。与职责分工不同，社会对设计和施工差别的认识很早就有了。唐代柳宗元的《梓人传》① 一文很清楚地说明了设计师与施工人员之间的差别。就设计师而言，"……问其能，曰：'吾善度材，视栋宇之制，高深圆方短长之宜，吾指使而群工役焉。舍我，众莫能就一宇'"，但"……其床阙足而不能理，曰：'将求他工。'"。正如柳宗元所说，设计师"彼将舍其手艺，专其心智，而能知体要者欤！"。当然，柳宗元所说的设计师只会动脑动嘴而完全不能动手这情况不多，历史上许多设计师还是由工匠一步一步成长起来的。

以杨永生先生所编《哲匠录》②、张钦楠教授的《中国古代建筑师》③ 以及喻学才教授的《中国历代名匠志》④ 中所记载的典型哲匠生

① （唐）柳宗元：《柳河东集》，上海古籍出版社 2010 年版。
② 杨永生：《哲匠录》，中国建筑工业出版社 2005 年版。
③ 张钦楠：《中国古代建筑师》，三联书店 2008 年版。
④ 喻学才：《中国历代名匠志》，湖北教育出版社 2008 年版。

平进行分析。从匠师分析表（表3-5、3-6、3-7、3-8）中可以看出，宋元明清时期对于设计还是极其重视的。针对官方项目，如皇城、宫殿、官员府邸、帝陵、皇家庙宇道观等，承担设计的人员一般都是具备建筑设计思想和才能的官员或工匠队伍中的技艺超群的人。对于极其重要的项目，皇帝还有可能亲自操刀参与总策划，如明成祖朱棣就是明北京城的总策划和总设计师，他以其政治的眼光将尊重自然的元大都转变为一个严格依循礼制的城市。

对于民间项目，一般由工匠按规定形制及雇主要求进行勾画间架，然后再进行施工。这其中，许多有才华的文人也参与了其中的设计。如宋代王禹偁在其《黄冈竹楼记》中就专门说到，他如何利用竹子建造房屋的事情。

由此可以推断，设计环节真正起到作用的人主要还是那些掌握了权力和当时掌握主流文化的人。这也就是掌控中国古代设计思想的人的整体社会背景。

表3-5 宋代匠师生平分析

朝代	时间	哲匠	身份	特点	营建业绩
宋代	977~997	郭忠恕	国子监主簿	"工篆籀，犹善画，所绘屋室宫殿图重复之状，颇极精妙。"	
	1101~1125	宋昪	转运使		负责修治大内
		李怀义	铁骑都尉	按洛阳模式	皇城宫殿
	966~1037	丁谓	枢密使	"性机敏"，"一举三得"	营建玉清昭、会灵观、景灵宫
	995~997	吕拙	皇家道士	"工画屋木"	郁罗霄台设计
	949~1012	刘承规	宦官，发运使	"以精丽闻"，"多所创制"	负责皇城内诸司局建筑，营建玉清昭

朝代	时间	哲匠	身份	特点	营建业绩
宋代		刘文通	画院艺学	"长绘事，尤精于楼阁木屋"	营建玉清昭
		邓守恩	内侍，副都知	"恪事干敏，以强果称于时"	营建玉清昭前期工作
		台亨		"工画"	景灵宫画样
		怀丙	僧	"巧思出天性，非学而至也"	维修真定宝塔
	954～1001	王禹偁	翰林学士	黄冈竹楼记	修两层竹楼
	1037～1101	苏轼	翰林学士		西湖治理
	1008～1048	苏舜钦	大理评事		修沧浪亭
	北宋初	喻皓	都料匠民间匠人	作《木经》	开封寺塔杭州梵天寺
	1070～1100	李诫	虢州知州将作监	博学多艺能，精通小学，工篆籀草隶，善画，得古人笔法。《营造法式》编撰	主持宫殿、开封府廨、太庙、钦慈太后佛寺等
		杨公弼	内侍		临安宫殿策划
		徐国康	临安知府		
		朱熹	理学家，安抚使	书院建筑	白鹿洞书院修复岳麓书院
		韩琦	匠作监丞右仆射	喜管造，所临之郡，必有改作。皆宏壮雄深，称其度量	建善养堂
		王唤	平江知府	于营造既夙有专长，而又善利用余材	建郊邱及青城齐宫
		秦九韶	乡义兵首	性极机巧，于管造、算术、星象、音律等事无不精究	

60

表3-6 元代匠师生平分析

朝代	时间	哲匠	身份	特点	营建业绩
元代	1216~1274	刘秉忠	邢州节度副使（元） 道士 光禄大夫		统筹规划元大都
	1231~1316	郭守敬	都水监 工部郎中		都城水系建设
	?~1312	也黑迭儿马合马沙（子）	大食人，诸色人匠总管府长官		负责都城宫殿和城市主要建筑的设计
	?~1268	张柔	元军官 判刑工部		营建大都
		张宏略（张柔之子）	筑宫城总管，中奉大夫		营建大都
		杨琼	石匠 管理燕南诸路石匠		营建两都宫殿城郭
	1244~1306	阿尼哥	尼泊尔人，光禄大夫，领将作院事	善画塑，铸佛像，造佛塔	北京妙应寺白塔
	1248~1322	张留孙	道士 道教正一派宗师		营建仁圣堂（北京东岳庙）

表3-7 明代匠师生平分析

朝代	时间	哲匠	身份	特点	营建业绩
明代		单安仁	工部尚书	"精敏多智计"	"诸所营造,大小中程"
		陆贤陆祥	将作大匠(元)工部侍郎		建都城宫殿
		张宁		"长于土工"	南京城修造的直接负责人
	1360~1424	朱棣	明成祖		明北京城总策划
		蒯祥	木匠世家营缮所丞工部左侍卫郎	精于尺度计算,又擅长木工,"蒯鲁班"之称	营建北京城,设计和营建
		吴中	工部尚书	"勤敏多计算,规划井然"	营建北京城行政主管
		阮安	交趾人,太监	"惇敏善画,尤长于工作之事"	修营北京城池,"目量意营"即构思
		雷礼	工部尚书	以勤敏为世宗所重	负责督修奉天、华盖、谨身三殿和永寿宫
		徐杲	匠役后封正卿	"巧思绝人"	修缮三殿
		朱厚熜	明世宗		设计天坛圜丘和大享殿
		郭瑾	工部侍郎		敕修武当山道观
		卢学礼王俟吉	兖州知府兖州通判		敕修孔庙

表3-8 清代匠师生平分析

朝代	时间	哲匠	身份	特点	营建项目
清代		梁九	明冯巧传人,工师	"精敏多智计"	"凡大内兴造,皆九董其事"
		雷发达	工匠工部营造所长班	年七十解役,创造"烫样"	营建宫殿
		马鸣萧	工部主事		监修乾清宫
		张衡	工部郎中	"费少而功倍"	负责皇陵、瀛台及内殿门观百余所
	1852~1928	陈壁	邮传部尚书	"皆工坚而矩度有法,财亦无虚糜"	负责两陵和重建正阳门城楼箭楼
		黄攀龙		"精于工术"	修缮黄鹤楼
		贾汉复	工部右侍郎兵部尚书	"惇敏善画,尤长于工作之事"	修缮关中书院

注:以上表格资料来源根据杨永生先生所编《哲匠录》① 张钦楠教授的《中国古代建筑师》② 以及喻学才教授的《中国历代名匠志》③ 中所记载典型哲匠生平整理所得。

① 杨永生:《哲匠录》,中国建筑工业出版社2005年版。
② 张钦楠:《中国古代建筑师》,三联书店2008年版。
③ 喻学才:《中国历代名匠志》,湖北教育出版社2008年版。

3.4.3　城市营建的施工主体

早在秦汉之时，工官、工匠、民役就形成了政府施工的组织形式（如图 3-7）。充当工官的人员，一般为有功名身份（通过考试或世袭获得，也有捐来的）的人当任，属于朝廷命官，如工部尚书、工部侍郎、郎中、主事、员外郎、所正、所副、所丞等等。当然，也有以工匠身份提拔上来成为工官的。但这一部分人在整个中国古代历史上都很少。宋代，徽宗开办"书画医算"学校（专业学校，不同于一般官学），让匠役子弟入学，学成出来后分担任文书、画师、医师和审计等职，"废科举，兴学校，取士概由学校升贡"，这应是历史上第一次专开匠人入仕的通道①，如台亨因"工画"（工程画画得好），被徽宗封翰林待诏（但无官品，等同如吏）。元代，由匠入仕的人不多，郭守敬随刘秉忠学习后，经张文谦（时任元朝忽必烈的昭文馆大学士领太史院事，类似现在的中科院院长）推荐，为忽必烈所赏识直接任命为"提举诸路河渠"（正八品），郭守敬最后官至昭文馆大学士知事太史院事（正二品）。

明清时期，根据胡平的研究反映，明前期传统建筑工匠入仕人数较前朝稍多，且入仕级别较高，如明代初年的陆祥、嘉靖时期的郭文英等最后都官至工部右侍郎（正三品）。但在嘉靖时期，匠人出身的徐杲担任工部尚书（正二品）之后，传统士大夫以官吏繁冗带来国家财政压力为借口，以"名器"（礼教仪制）为由，对工匠入仕的途径极力打压，因此，这段时期的营造工匠入仕人数虽有所增加，但再也没有升至京卿之列者；清乾隆之后，统治者对"礼教仪制"的极力推崇，传统工匠入仕现象就极为少见了，更无论京卿②。从上一节对营建设计主体的分析来看，匠人入仕其实就是匠人进入有设计话语权的队伍行列的标

---

① 胡平：《明清江南工匠入仕研究》（硕士学位论文），苏州大学 2009 年。
② 胡平：《明清江南工匠入仕研究》（硕士学位论文），苏州大学 2009 年。

志，只有成为工官才能在设计中起到关键性的作用，即正式的设计师。但现实是，明后期至清代，礼制的思想（仪制）将技术排除在权力核心之外，从而使得技术在社会生活中再难有大的作为。

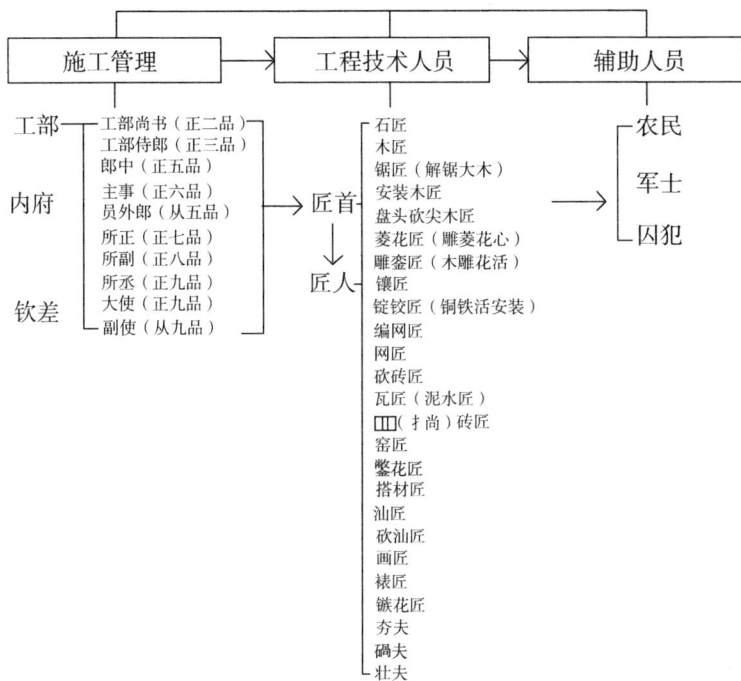

图 3－7　城市营建的施工主体

注：工程技术人员分类参考李渔《闲情偶寄·营造》中的记载。

依据曹焕旭的研究①，城市营建的工程技术人员组成主要为建筑工匠。按其身份所属，建筑工匠分为官匠和民匠。服役于官府的为官匠，在家为自己劳动的为民匠，两者之间自由度不同。官匠职业基本上是固定的，不允许转换。依据工作形式，官匠又分短番匠、长上匠和明资

---

① 曹焕旭：《中国古代的工匠》，商务印书馆 1996 年版。

匠。短番匠是按期轮番到官府作坊服役的工匠；长上匠是长期在官府作坊服役的工匠；明资匠在官府作坊劳动时领受工资。在唐代中期以前，官匠基本是被官府强行征调来长期服役，生活必须依附于官府。到宋代时，官匠多为雇募而来。招募匠与招兵大致相同，都有相应报酬。元代实行匠户制度，把全国有技能的工匠，分别编入官匠、民匠和军匠三种户籍。官匠要长期在官局服役，职业世袭，不准转业。明代初继承元代制度，官匠控制很严，不得脱籍，限制分户（世代为匠）。明成化二十一年（公元 1485 年）则实施班匠银制度，即规定轮班匠（官匠的一种）可以出银代役，无钱的工匠仍旧"依班上工"。清代顺治二年（公元 1645 年）捆绑技术的匠籍制度正式被废止，除京城一些局还有少数长期工匠，官府使用的工匠基本雇佣而来。民匠则是从社会上招募而来，等同雇工，也可以劳役的形式参与官府营建项目，以工代役。官匠的劳动，一般不上市场上交易，其目的在供统治者及官僚机构的需要，不计成本，不求利润；民匠所从事的主要是商品性质的生产劳动，其产品主要供市场上交换使用。但在以农业经济为主的古代中国，受经济基础的限制和季节的影响，大部分建筑工匠都还是以农为主，建筑为辅。工匠除了身份的区别外，还有技术类别和技术等级的差别。就技术类别来看（如图 3-7），清代营建技术种类分类到达 25 种之多，这与建筑技术的成熟有很大关系。技术等级上则有匠首（也有称作头、掌尺）和匠人之分。在施工的现场，往往是匠首指挥各工种的工匠，协调施工。匠人制度的转变，使以前官府对营建技术的垄断局面得以打破，民间营建技术得到很好的提升，从而带来了平民建筑大的发展，城市建筑景观也很大质的提升。

非技术辅助人员也有几种，一种为民役，即农民服相应的劳役，参与官府项目。在古代的许多法典中，就有很多有关劳役工作量的核算法则；一种为因犯服刑，参与营建劳作；还有就是军兵参与劳作，这种其实就是将兵役转化为工役了。

　　从以上营建实践主体分析来看，营建实践的技术核心在于工匠，特别是匠首，他们应该是当时的营建技术总代表，但他们受制于整个以"礼"为伦理的官场体系。一方面在层级和身份上，施工技术人员受施工管理人员支配。另一方面，从施工管理内部来看，技术官员受制于传统官员（传统选官制度产生的官员）。其实，营建的技术类官员的出现，仅仅只是统治者为提高营建实践管理水平，以便更好地为皇帝服务。"礼法"对"匠人入仕"的让步（根据礼法等级观，工匠在古代社会地位是很低的，一般只有"士"才能做官，而取得士的资格要么是世袭要么就是科举），并不是选官制度的变革，更谈不上"礼法"等级制的突破或者是对技术的态度转变。仅仅是因为，传统官员多出自于科举和世袭，传统以"礼制"为核心的官学并没有涵盖营建工程技术知识，所以真正懂得实际施工技术的管理者属于凤毛麟角。这样就带来了管理的不便，于是有了《营造法式》的出现。正如该书序言，"……而斫轮之手，巧或失真；董役之官，才非兼技，……弊积因循，法疏检察。非有治'三宫'之精识，岂能新一代之成规……"①，编汇《营造法式》的目的是在于方便非专业技术人员对技术的管理。但即使有了相应的技术规范，非专业人员要一下弄清楚也很难。为提高管理官员的技术水平，就直接从匠人中挑选出出类拔萃的人物作为管理官员。当然，受整个社会等级的控制，工程技术出身的官员因其不符合古代的"礼法"和选官制度，一旦有违皇权的"礼法"，必然会受到相应打压。这也是明代尽管出现了许多匠人入仕为官的现象，但整体升官艰难，清以后入仕为官都很少的根本原因之所在。而这一事实也反映了：为维护"礼法"，巩固皇权，技术知识受制于以"礼制"为内核的"官学"。而技术上的限制也使中国古代城市设计思想难有形式上的突破。

---

① （宋）李诚（诚）：《营造法式》，中国书店出版社2006年版。

3.5　宋元明清时期城市管理
——城市设计礼制思想的制度保障

3.5.1　宋元明清的城市行政管理机构

从本章第一节古代行政机构的设置分析可看出，古代中央行政机构主要职掌为制定政策、考核地方和地方重大事务项目管理，而政策的执行主要为地方政府，城市的行政管理也主要是地方政府负责（部分朝代的都城为中央政府直接管理）。以现代城市行政管理的观点看，这些城市行政管理的主要内容有城市建设、城市治安、城市人口、城市工商、城市教育等等。但古代的城市管理划分并没有这样细化，许多工作都是笼统到地方政府的六房负责。

县治城市的行政管理机构为县衙。根据任立达的研究①，县作为地方基层行政组织，从宋元明清各期以来一直比较稳定，县令的职责也基本比较明确，大致为：总掌一县之政（包含所治城市的

```
县 ┬─ 厢 ── 坊 （城内）
   │
   └─ 乡 ── 保 （乡下）
```

图 3 - 8　宋代县以下机构示意图
（图表来源：任立达，2004）

大小行政管理事务，如公共项目营建、治安、教育等）、负责管理全县的赋役（包含城市工商）、负责户口管理（含城市人口管理）、听狱讼、察冤滞、负责救济（城市福利）、推荐人才等。县以下的城市还设有厢（元明清时期也被称为坊）、乡等机构，其职能是负责治安和民事协调，但这类管理人员一般无官品，多是乡绅兼任。当然，这些县令管辖事务具体会由整个县衙机构去完成，而县衙的机构自明代开始基本分为如下

---

① 任立达：《中国古代县衙制度史》，青岛出版社 2004 年版。

六房（表3-10）：

表3-10 县衙基本机构职掌

衙门机构	职掌内容
吏房	管理乡绅丁忧、起服、在外省作官各事
户房	管理粮、户、税等事
礼房	管理喜庆辰期并考试、烈女、节妇、祭神等事
兵房	管理兵差并考武各事
工房	管理起盖衙门、修理仓库等各事
刑房	管理枷杀贼盗、刑狱等事

注：依据任立达《中国古代县衙制度史》资料整理所得。

府（州）治城市的行政管理为府衙，如府县同处一城，则根据其城内具体管辖区域划分来分别管理（如在《善化县志》中，对府县同城的县辖城区范围有专门的地界说明）。府（州）在宋代作为中央和县之间中级地方政府，在元代以后作为省与县之间的中级地方政府，有承上启下的作用，机构设置也较为完备。其长官责掌一府（州）除军事以外的所有政事（也有掌兵的特殊情况）。与知县相比，主要是增加了考课其吏属政绩上报吏部的事项。宋代府（州）政府行政机构主要有：录事、功曹、仓曹、户曹、兵曹、法曹、士曹、府学等部门，分管各方面的工作。明清时府（州）地方设经历司（文秘）、照磨所（审计）、司狱所等部门协助知府工作。此外，府（州）与县同样设置吏、户、礼、兵、刑、工六房（清康熙时曾设掌邮传及迎送官员的铺长房和应办各种公文信札挂号分发的承发房），其职掌内容与县六房基本一致。

随着地方城市的不断发展，地方城市的行政管理事务也日益复杂，明代时，一些府、州、县所辖机构除六房之外，还有巡检司、水马驿、税课司、仓库、织染杂造局、批验所、铁冶所、递运所、河泊所、儒学学校、医学馆、阴阳学、僧道衙门等。

表3-11　明代地方城市其他管理机构及职掌

管理机构	职掌内容
巡检司	设于各府州县之关津扼要处，掌缉捕盗贼，盘诘奸伪，俾率徭役弓兵警备不虞。
水马驿	为官府递送公文及往来官员提供食宿交通工具的驿传站管理者。
税课司	税收征管机构，在府曰司，在县曰局
仓	掌库藏之事
织染杂造局	管理染织手工业的机关
河泊所	管理河湖的机构，设官领掌鱼税，又有闸官、坝官，掌启闭蓄泄
批验所	检验茶引、盐引的机构
递运所	管理运输粮物的机构
铁冶所	管理铁矿、铁厂及征收铁课的机关
儒学校	地方学校，一般府学有学生四十员，州学三十员，县学二十员
医学	地方医疗卫生管理部门
阴阳学	掌管地方阴阳占卜事务的机构
僧、道衙门	地方政府宗教事务管理部门

注：依据地方志所载公署和职官资料整理所得。

都城由于其规模巨大，地位重要，因此其城市的行政管理较地方城市复杂很多。根据周执前①和韩光辉等的研究②，汉代初都城是由中央政府机构直接管理的，后设置专门的地方政府机构管理。宋代东京由开封府管理，为维护京城的治安稳定，城市管理部

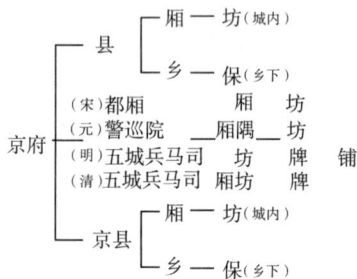

图3-12　宋元明清都城管理机构层级

① 周执前：《中国古代城市管理法律初探》，《河北法学》2009年第7期，第52～56页。
② 韩光辉，林玉军，魏丹：《论中国古代城市管理制度的演变和建制城市的形成》，《清华大学学报》2011年第4期，第58～65页。

门还设有专门的都厢（最初为针对街道的军事治安管理，后转为社会管理）。元代在都城设置警巡院（其他一些城市根据规模等级分别设置警巡院、录事司）和南北兵马司（管理治安）。明清以后则采用地方和中央并行的双轨制管理。明代在京城分置东西南北中五城，城设巡城察院（独立于顺天府）下辖兵马司，管理坊市民事及供需等。清代，内城归属九门提督管理，外城沿袭明代管理办法，设顺天府大兴、宛平二县，由县和五城兵马司（属都察院）分壤而治，每城有坊，坊设司坊官，分领坊事民事。从研究中可以看出，京城的管理复杂主要是京城的城市功能和城市社会阶层复杂导致的，一方面，京城为皇帝居住办公之所在，因此，城市的安全是第一位，在管理上首先考虑的是如何便于京城安全管理，这些事情交由一般的地方政府并不一定让人放心，往往会由中央政府直接派出机构，如宋初管理都厢的厢军（军队）、元代的南北兵马司、明清的五城司等，而内城（皇城）属于皇帝的专区，一般都会直接由禁军把守（清代为五门提督）；另外一方面由于城市日益发展，其人口和经济都不断扩张，单靠这些治安管理难以维持城市的正常运转，于是，通过这些治安管理部门扩权和增设地方政府来加强社会经济方面的管理。当然，不同身份的人所属管理部门也会不同，平民百姓根据所在辖区由规定部门负责，政府官员则有专门的刑部和御史负责，皇亲贵族则由宗人府负责。由于特权的存在，这几个时期的城市管理实际上还是很混乱的。

3.5.2 宋元明清的城市空间环境管理机构

城市空间环境管理属于城市行政管理范畴，也直接影响着城市的公共空间环境的形成和效果，从某种意义上说就是古代的城市设计管理。由于特定的历史条件，古代城市空间环境管理与现代不同，古代城市空间环境管理主要目的是古代的统治者依据其典章制度，组织和监督城市居民营造城市空间环境，使城市按照统治者意图而发展。

　　从上述城市管理部门及职掌来看，地方城市的空间环境管理由地方城市首长负责，即知县或知府（州），而管理的依据一般为国家的典章制度（详见下章附表）。因为宋元明清时期都颁布有相应的营缮法令，且建筑营造法式也得到相应推广，所以城市中营建有违制行为或者侵占街道、毁坏公物的行为一般都会直接由刑房按照法律规定来处理。

　　都城作为皇帝之所在，空间环境管理首先出发点为保卫都城安全，特别是皇帝的安危，因此其管理较地方上管理更为严格。北宋初期都城空间环境管理基本是由军队来管理的，分别为马军都指挥使司（主管旧城里巡检事务）和步军都指挥使司（管新城巡检事务），每厢设厢巡检，厢巡检下还设有军巡铺（每坊三百步有军巡铺）。神宗时，考虑到军人权力过大威胁到皇权，于是将厢巡检改归文臣分治，并纳入开封府之下。厢巡检主管治安和徼巡，其中具体到空间环境管理的职务为街子①。元代大都城市主要由警巡院进行管理，其职掌为"领民事及供需"，包括户口管理、狱讼、治安等，这样自然会涉及空间环境管理。除此外，兵马司、刑部、大宗正府共同负责都城警巡事务，因此空间环境如有违章违制行为自然也纳入其管辖范畴②。明代都城的城市空间环境管理较宋元时期更为严密，不光空间环境控制制度繁多，且参与管理的机构也很多。除五城兵马司外，上至京卫亲军指挥使司、锦衣卫、巡城御史以及内官系统的东厂、西厂及司礼监部分太监都参与城市警巡事务之中。清代都城空间环境管理机构较为明晰，主要为步军统领（提督九门步军巡捕五营统领）、五城巡城御史（下辖兵马司）和顺天府③。

---

① 马继云，于云瀚：《宋代厢坊制论略》，《史学月刊》1997年第7期，第17~19页。
② 韩光辉，林玉军，魏丹：《论中国古代城市管理制度的演变和建制城市的形成》，《清华大学学报》2011年第4期，第58~65页。
③ 尹钧科，罗保平，韩光辉：《古代北京城市管理》，同心出版社2002年版。

表 3 - 12　宋代厢设管理机构一览

厢设机构	职掌
都所由	负总责
所由	掌房契（土地测量）、税契等票据及过往客商关防事宜
厢典	掌与诉讼有关的法条援引、解释之事
街子	负责街道秩序，丈量地界
书手	处理杂务
行官	管理行铺

注：依据《宋史》卷166职官志。

　　总的来看，由于宋元明清时期城市管理整体水平还比较低，且管理的主要目的为国家的统治者服务，因此，空间环境管理机构是与城市安全管理机构重叠的，这一现象在都城尤为突出。都城的安全问题较地方城市更为重要，且需要考虑各种安全保卫力量对皇帝自身的潜在反噬，所以各种管理机构责权重叠、相互掣肘的现象也常常出现。管理层次水平低下的状况，导致城市空间环境管理重点主要还是集中在维护皇权安全和威严上，至于公众的利益问题一般仅为防火和卫生方面，其他则很少考虑。

3.6　宋元明清时期城市生活——城市设计礼制思想的新挑战

3.6.1　坊墙倒塌后的城市新生活和自我意识觉醒

　　各种历史研究反映，自唐代中期以来，城市商品经济不断发展不仅使商业活动冲破了"坊市"的限定，扩大了其活动的空间范围，同时也突破了时间的限定，延伸了活动的时间。城市在空间和时间上实现了扩展，城市生活开始延伸。延伸的结果就是，限制居民自由的坊墙彻底倒塌。城市从冷漠中走出，变成了一个自由活跃的市场，市民活动就在这喧嚣纷繁的城市新境中变得生机勃勃。

坊墙倒塌后，城市形成了繁华的商业街区，如北宋张择端的《清明上河图》描绘了开封城内狭长的街道两旁挤满了店铺，瓦子、酒楼、茶肆。城市生活也开始丰富多彩，甚至原为宗教活动的场所——寺庙也成了世俗活动的中心。许多适应城市居民日常生活的民间手工业和店铺挣脱了"官营"禁锢之后，迅速得到发展。如南宋西湖老人记录临安市民游艺活动及各类艺人姓名和事迹的《西湖老人繁盛录·诸行市》一书中就有这样的描述，诸行市如药市、象牙玳瑁市、金银市、珍珠市、丝棉市、枕冠市、故衣市、衣绢市等等共有四百十四行。这些行市与城市的社会生活、市民生活紧密相关。不仅带动了城市经济，也改变了城市生活方式。

城市消费方式除了商品消费外，在简单的"市"的基础上增加了文化的消费，大量瓦子、酒楼、茶肆，使得城市市民生活有了暇娱之乐。另外，城市也开始了进行商品生产，工、商、贾逐渐趋向合一，以家庭经营的民间手工业生产在城市中凸显出来。城市市民的社会交往方式、道德价值观念也逐步与乡村开始区别。商品经济渗透到市民生活之后，改变了人们的认识，刺激广大市民对金钱的执着追求和对世俗享乐的向往，冲击着国家统治者鼓吹的"礼法"，世俗享乐意识逐渐取代了原来淳朴蒙昧的精神状态。这在一定程度上来说就是一种自我意识的觉醒。

3.6.2 城市生活主体重构

由于商品经济的繁荣，市民阶层开始壮大。市民阶层的壮大改变了以往城市生活主体——人的构成。以往以官僚、地主和为其服务的人员为主要人口组成的城市，转化为以商人、手工业者为主的城市（这一点以田昌五先生对城市商品经济发达程度研究①可以看出）。这部分城市不断觉醒和发展的社会力量，成为宋元明清时期城市发展的主要推动者。一方面，随着城市商品经济的发展，他们的经济影响力不断加强，并开始引导城市消费文化，如瓦舍勾栏上演的都是适合市民大众口味的世俗文艺，明清小说更是以市民作为其主要读者。另外一方面，中国古代城市的市民阶层始终只是被统治的对象，在政治上处于边缘地位，官府对其发展有诸多限制，因此，宋元特别是明清以后，具有一定经济影响力的市民阶层开始寻求主流社会地位。一些商人凭借雄厚的经济实力，不仅仅是获得"为政者"的庇护，而且要求直接谋取官职，获得政治认同，在政治权力体系中据一席之地。

　　尽管城市人口构成主体有所变化，中国古代城市始终是宗法专制政治的统治堡垒，其政治功能远超其经济功能。王朝官僚始终是城市唯一的统治者，专制权力不可能容忍任何一个异己阶级与其分享。所以，中国古代城市市民阶层的意识，一直停留在原始阶段，并逐步为强大的封建政治文化所同化②。

---

① 田昌五，漆侠：《中国封建社会经济史》，齐鲁书社 1996 年版。
② 徐勇：《古代市民政治文化的独特性与局限性分析》，《江汉论坛》1991 年第 8 期，第 66 页。

附表 3-1　《周礼》所确定的六官体系表

管理系统	系统官职	
《天官》 共有六十三职官。 六个系统的职官， 而皆统之于天官	为王治理国政之官	大宰、小宰、宰夫、大府、内府、外府、司会、司书、职内、职岁、职币
	为王、王后及太子等掌饮食的官	烹煮或制作食物：膳夫、厄人、内要、外裹、亨人、腊人、醢人；捕获兽类或鱼鳖等以供膳食：兽人、渔人、鳖人等；进献食物：篷人和酸人；制作和供应酒浆：酒正、酒人、浆人等；食医、盐人；掌供巾幂以覆盖饮食的幂人；掌供冰以冷藏食物的凌人等。
	为王、王后和太子掌服装的官。	掌皮裘的司裘，负责缝制衣服的缝人，掌首服的追师，掌鞋的展人等。
	医官	医师、疾医、疡医、兽医
	为王掌寝舍的官	为宫寝清除污秽的宫人，为王外出设宫舍、帷帐等的掌舍、幕人、掌次等
	宫官	宫正、宫伯、内宰、内小臣、阁人、寺人、内竖等
	妇官	服侍王并协助王后行礼事的九嫔、世妇、女御，有为王后掌祭祀和礼事的女祝、女史，凡五职
	掌妇功的官	典妇功、典丝、典桌等三职。
	其他	为王掌藉田的甸师，为王掌收藏的玉府，掌皮革的掌皮，掌染丝帛的染人，掌大丧为王招魂的夏采等五职。
《地官》 掌教育之官、掌土地和人民，共有七十八职官。地官所掌，关乎国计民生，乃立国之根本，最为重要。	掌基层各级行政的官	掌都郊六乡各级行政的乡师、乡老、乡大夫、州长、党正、族师、间青、比长，有掌郊外野地六遂各级行政的遂人、遂师、遂大夫、县正、鄙师、挪长、里宰、邻长，总计十六职。
	掌赋税、力役的官	有载师、间师、县师、遗人、均人、族师、稍人、委人、土均、角人、羽人、掌葛、掌染草、掌炭、掌茶、掌屡等，总计十六职。
	掌山林、川泽、场圃、矿藏等的官	有山虞、林衡、川衡、泽虞、迹人、甘人、囿人、场人等，总计八职。
	指导农业生产的官	有草人、稻人、司稼等三职
	掌管粮食及仓贮的官	有廪人、舍人、仓人、司禄（职文缺）、春人、禧人、搞人等，凡七职。

管理系统	系统官职	
《地官》 掌教育之官、掌土地和人民，共有七十八职官。地官所掌，关乎国计民生，乃立国之根本，最为重要。	掌市政（市场管理）及门关的官	有司市、质人、廛人、胥师、贾师、司暴、司稽、胥、肆长、泉府、司门、司关、掌节等，凡十三职。
	掌管教育的官	有师氏、保氏、土训、诵训、司谏、司救等，凡六职。
	负责祭祀事务的官	封人、鼓人、舞师、牧人、牛人、充人等，凡六职为民调解仇怨的调人、掌民婚姻的媒氏
《春官》 掌礼事的官，此说较确。大、小宗伯的主要职责就是掌礼（包括吉、凶、宾、军、嘉五礼）。其下六十八属官。	掌礼事的官	肆师、郁人、鬯人、鸡人、司尊彝、司几筵、典瑞、典命、司服、典祀、守祧、世妇、内宗、外宗、家人、墓大夫、职丧、都宗人、家宗人、神仕等
	掌乐事	有大司乐、乐师、大胥、小胥、大师、小师、瞽矇、视瞭、典同、磬师、钟师、笙师、缚师、棘师、旋人、箫师、箫章、鞮鞍氏、典庸器、司干等，
	掌卜笠的官	有大卜、卜师、龟人、墓氏、占人、笠人、占梦、视浸等，凡八职。
	巫祝之官	有大祝、小祝、丧祝、甸祝、诅祝、司巫、男巫、女巫等
	掌史星历之官	有大史、小史、冯相氏、保章氏、内史、外史、御史等
	掌车旗的官	有巾车、典路、车仆、司常等
		天府（掌宗庙宝物重器以及吏治文书的收藏）

管理系统	系统官职	
《夏官》 掌军政之官共有六十九职官		大司马所掌九伐之法，征收军赋，教民习战，救无辜而伐有罪，以及王亲征时掌其戒令，皆属军政。
	掌军事或与军事有关者	司勋、环人、挈壶氏、诸子、司右、司兵、司戈盾、司弓矢、稿人、戎右、戎仆、掌固、司险、候人、都司马、虎贲氏、旅贲氏等
	掌天下邦国者，包括邦国的封建，疆域的划分，协调各邦国的关系，通财利，一度量，徕远民，致方贡等。	方氏、量人、土方氏、怀方氏、合方氏、训方氏、形方氏、山师、川师、原师、匡人、掉人等
	掌养马及马政者	校人、趣马、巫马、牧师、庾人、圉师、圉人、马质等
	为王掌车者，其中戎右、戎仆掌王军车，已属之第一类。	齐右、道右、大驭、齐仆、道仆、田仆、驭夫等
《秋官》 共六十六职官，属刑官，即掌刑法之官。此外小司寇还掌询万民和群臣，又掌大校比时登记民数以上报天府，以及孟冬献民数于王等职，则似与秋官性质不类。		掌吏治与朝仪的司士；掌出纳王命的大仆、小臣；掌吏民向王的上书和奏事的御仆；掌王冕服的节服氏、弁师；掌寝庙杂役的隶仆；掌射礼之事的缮人、射人；掌视察祭祀准备情况的祭仆；掌羊牲以供祭祀的小子、羊人；掌驯养猛兽以供祭祀的服不氏；掌射鸟、捕鸟、养鸟以供祭祀的射鸟氏；罗氏；掌畜；掌驱疫鬼和想魁的方相氏；掌行火之政令的司爟
	掌刑法狱讼的官	士师、乡士、遂士、县士、方士、讶士、朝士、司刑、司刺、司厉、司圜、掌囚、掌戮、布宪、禁杀戮、禁暴氏等
	掌各种禁令的官	雍氏（掌沟渎之禁）、萍氏（掌水禁）、司寤氏（掌宵禁）、司烜氏（掌火禁）、野庐氏（掌路禁）、修闾氏（掌国中路禁）、衔枚氏（禁喧哗）等
	掌隶民的官	司隶、罪隶、蛮隶、闽隶、夷隶、貉隶等
	掌司盟约的官	司约、司盟
	掌接待四方宾客以及与诸侯和蛮夷交往的官	大行人、小行人、司仪、行夫、环人（与夏官之环人名同而职异）、象胥、掌客、掌讶、掌交等

管理系统	系统官职	
《秋官》 共六十六职官，属刑官，即掌刑法之官。此外小司寇还掌询万民和群臣，又掌大校比时登记民数以上报天府，以及孟冬献民数于王等职，则似与秋官性质不类。	掌辟除的官	蜡氏、冥氏、庶氏、穴氏、霆氏、哲簇氏、剪氏、赤发氏、烟氏、壶琢氏、庭氏等
	负责统计民数的司民	掌为王侯出巡时，执鞭以趋辟的条狼氏；掌有关矿物开采戒令的职金；掌除草木造田的柞氏、难氏；掌供祭祀之杖及杖函的伊香氏；掌供犬牲的犬人
《周礼》缺《冬官》，汉人补之以《考工记》。别为一书，与《周礼》不同。总为三十工。记车工之事尤详，其次则详于弓矢。	攻木之工	轮人、舆人、弓人、庐人、匠人、车人、梓人等，凡七工
	攻金之工	筑氏、冶氏、亮氏、桌氏、段氏（原文缺）、桃氏等，凡六工
	攻皮之工，	函人、鲍人、辉人、韦氏、裘氏等，凡五工
	设色之工	画工、缋工（画缋之事）、钟氏、筐人、慌氏等，凡五工
	刮磨之工	玉人、栉人（原文缺）、雕人（原文缺）、磬氏、矢人等，凡五工
	传值之工	陶人和旅人，凡二工

4 宋元明清时期城市设计礼制思想内容和特征

城市设计礼制思想源于周代的"营国制度",其思想的核心是礼制,因此其内容必然包括有,"君权至上"、"等级分明"、"宗教祭祀"等。通过本研究对宋元明清时期的典章制度(详见附表4–1)、古代城图(详见附录2)以及宋元明清时期有关城市的古代绘画(详见附表4–4)有关城市公共空间和景观环境的内容分析,这些内容也一一得到验证。

4.1 "君权至上"

4.1.1 "君权至上"是"营国制度"的政治主题

"营国制度"原本是西周王朝营都建邑的制度,收录于《周礼·考工记》(原冬官已佚失,后世以鲁国《考工记》补之)中。由于奴隶社会城邑本是为君而筑、为君服务的,在这样的概念下,城市营建的理论自然也是围绕这一特性来考虑。"营国制度"利用方位尊卑布置不同性质的功能区,把城邑总体布局纳入礼制轨道,形成营国制度所特有的城邑规划设计逻辑——礼治规划秩序,加强了城邑规划结构的严谨性,突出了以"君"为本位的主题思想①。

但战国以后，从秦到汉元帝时期，周礼的"营国制度"并没有占据城市营建的主导地位。当时的统治者都有着强烈的对周朝制度革新的意识②，如《三辅黄图》所说，秦咸阳宫布局是"因北陵营殿，端门四达，以制紫宫象帝居，引渭水灌都以象天汉，横桥南渡以法牵牛"，以天象规划都城，这与周的营国制度联系并不紧密。汉元帝以后，国家治理由思想上"独尊儒术"发展为崇尚以"周政"来强化儒术维持皇权统治，城市营建自然就选择了"周政"——《周礼·考工记》为其营建制度范本。自此以后，随着儒家作为官学，周代的"营国制度"也就一直在影响着中国古代城市营建了。中国古代城市设计礼制思想发源于"营国制度"，自然也随着"营国制度"的起伏而变化。但万变不离其宗，源自"营国制度"政治意图或者说源自于《周礼》所体现的政治思想——"君权至上"（陈成国认为："所谓周公之礼，不过为了维护姬族统治的需要。这就是'礼以义起'"③，而"周礼的核心内容与指导原则是'亲亲'和'尊尊'"④，尊尊为忠，亲亲为孝，前者维护君权，后者维护父权）作为中国古代城市设计礼制思想最主要内容是没有变的。随着儒学在宋代后，以理学的形式长期占据中国政治最显赫的地位，"君权至上"被不断强化。

4.1.2 "君权至上"是宗法礼制的基本要求

自西周始，古代中国社会进入典型意义的宗法社会后，礼被扩展到国家层面并置于至尊地位。礼成为调整家庭、宗族、婚姻乃至政治、经

---

① 贺业钜：《考工记营国制度研究》，中国建筑工业出版社 1985 年版，第 138 页。
② 贺业钜：《考工记营国制度研究》，中国建筑工业出版社 1985 年版，第 151 页。
③ 陈成国：《中国礼制史·先秦卷》，湖南教育出版社 1998 年版，第 14~15 页。
④ 商国君：《略论周公制礼和周礼指导原则》，《求是学刊》1993 年第 2 期，第 98 页。

济、军事、教育、司法等各方面行为规范的总和①。周以后，除秦以外，各朝各代都把礼制作为治国良方，凡礼所不容的，法多加禁止，凡法所取缔的，自然是礼所难容的，从而形成了宗法社会的制度结构——礼法并举。但这种社会下，礼法之间并不平等。法律规范多源于礼制规范，礼不仅在法之上，而且渗透于法之中。自汉以后，礼法逐步合流，它们的目标和功能都是维护和规范宗法社会"三纲五常"的权力结构和伦理秩序。

宗法礼制所维护的"三纲"——"君为臣纲"、"夫为妻纲"、"父为子纲"，三个伦理关系中抑或是"君权"、"父权"、"夫权"三权关系中，对国家统治者来说最重要的莫过于君臣关系和君权问题。所谓"君君、臣臣、父父、子子"，对国家统治者而言，要求的就是"君权至上"，并且不容置疑。中国古代城市设计礼制思想作为宗法礼制的空间延伸，自然必须维护"三纲五常"的权力结构和伦理秩序，特别是有关国家政治权力的空间，更是将"君权至上"作为其重点内容。

4.1.3　宋元明清时期"君权至上"设计思想的主要特点

宋元明清时期，随着"君权"对社会政治、经济、文化垄断不断加强，"君权至上"的内容在古代城市营建活动更体现得淋漓尽致。其具体体现如下：

（1）权力公共空间和民众公共空间并存

"公共空间"是哈贝马斯提出的概念，是18世纪末作为私人领域的市民社会向作为公共权力领域的国家政府争取权力的中间领域。他认为"所谓'公共领域'，我们首先意指我们的社会生活的一个领域，在这个领域中，像公共意见这样的事物能够形成"②。建筑学的中的"公

---

① 胡键等：《宗法社会的制度结构与制度演进》，《制度经济学研究》2005年第2期，第136页。
② 汪晖，陈燕谷：《文化与公共性》，三联书店2005年版，第125～137页。

共空间"概念的社会学含义减弱,而采用集体和个体把公共与私有简化为一与多的区别①,公共空间即所有人(不分种族和地位)可以自由出入的空间。

中国古代社会迥异于西方现代,《诗经》有云"普天之下,莫非王土;率土之滨,莫非王臣",整个国家都属于国之君王,个人或私人团体不存在向君王争取权力的公共领域和空间。但从社会学角度看,君王作为最高公共权力的代表,通过从中央到地方自上而下的各级政府管理机构,对所有民众相关的事务全权负责,构成社会学意义上的公共权力领域,而承载这些公共权力的实体空间也就是所谓的公共空间(此处有学者认为中国传统公共空间有两类,一类是权力公共空间,一类是民众公共空间。详见裴雯等的"中国传统社会、权力与权力公共空间"一文,《重庆大学学报社会科学版》2011 年第 17 卷第 4 期)。在此空间中,君权得到充分的彰显,并渗透入空间的各个细节,控制着城市的居民。以法国思想家米歇尔·福柯的"权力空间"② 观点来看,中国古代社会的公共空间是一种典型的,作为一种强力意志、指令性话语和普遍的感性力量,存在和作用于人类社会的一切领域,具有服务、影响、操作、联系、调整、同化、异化、整理、汇集、统治、镇压、干涉、反抗和抵触等多种功能属性的权力空间。此时的公共空间成了君权的空间,不仅起着容纳与象征作用,而且有规训和权力运作的作用,而规训的内容就是维护君权统治的礼制内容。不能认识这一点也就无法对中国古代公共空间和景观环境进行本质的分析。

宋元明清时期,坊墙已经倒塌,但这并没能改变此时期城市公共空间的本质属性。根据此时期国家典章制度有关公共空间和景观环境的内容(详见附表 4 - 1)来看,涉及的城市公共空间的类型主要有宫廷衙

---

① 赫曼·赫茨伯格:《建筑学教程:设计原理》,天津大学出版社 2003 年版,第 12 页。

② [法]米歇尔·福柯:《规训与惩罚》,三联书店 1999 年版。

署空间、国家祭祀空间、街道空间、教化空间、民间祭祀空间、城垣空间、河道沟渠水塘空间等等。结合张驭寰先生《中国古代县城规划图详解》① 一书中所整理的明清时期城中涉及的城市空间类型，建制城市内部的主要空间类型基本为：衙署空间（都城则还有宫廷空间）、城池空间（城垣沟壕）、街巷空间、民居空间、祠堂庙宇寺院空间、书院会馆空间、园林空间等，城市外部附属空间还有陵墓空间、祭坛庙宇空间、演武教场空间等。（此处分类还参考了张驭寰先生所著《中国古代建筑分类图说》②、王振复所著《中国建筑基本门类》③ 的分类法）。典型公共空间类型如下（表4－1和图4－1）：

图4－1　宋元明清时期城市公共空间类型图

类型	典型平面	内部空间细分
宫廷空间	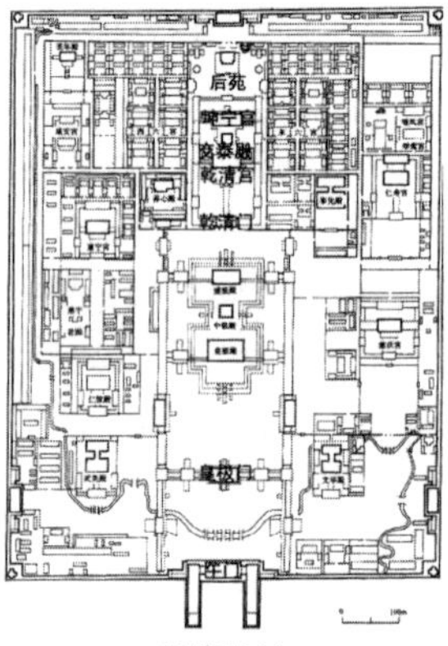 明紫禁城 （图片来源：《中国古代建筑史　元明卷》）	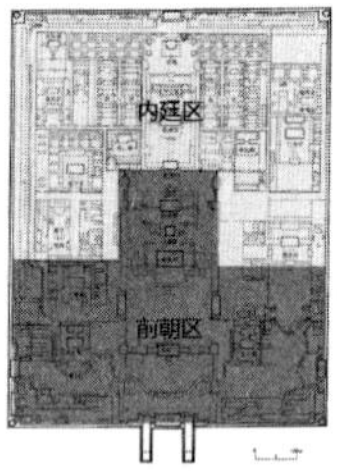 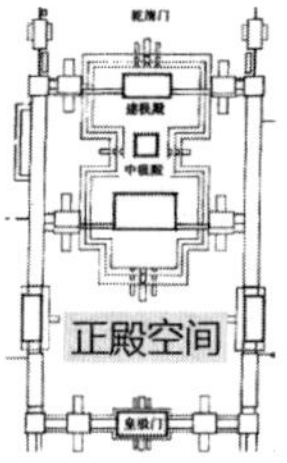 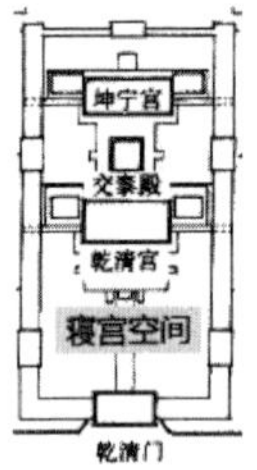

---

① 张驭寰：《中国古代县城规划图详解》，科学出版社2007年版。
② 张驭寰：《中国古代建筑分类图说》，河南科学技术出版社2005年版。
③ 王振复：《中国建筑基本门类》，河南科学技术出版社2005年版。

续表

类型	典型平面	内部空间细分
衙署空间	宁海州署 （图片来源：《宁海州志》）	
街道空间	 清北京胡同 （图片来源：《乾隆京城全图》局部）	

类型	典型平面	内部空间细分
城池空间	 西安府满城图 （图片来自：《中国古代建筑史　清》）	
祭祀空间	 北京天坛 （图片来自：《中国古代建筑史　元明卷》）	
其他空间	 益阳县学宫图 （图片来自：《湖南地方志图汇编》）	

表4-1 古代城市公共空间类型和属性

空间属性	公共空间类型
管理性公共空间——君权代表	宫廷空间、衙署空间
防御性公共空间——君权防卫	城池空间、演武教场空间（半公共）
祭祀性公共空间——君权神化	祠堂祭坛庙宇寺院空间、陵墓空间
教化性公共空间——君权教化	学馆书院空间
交通性公共空间——人、物质流动	街巷空间、水道空间
商业游憩性公共空间——交流	市场空间、游园空间（一般附于其他空间）

这些空间，除商业空间（形式为街市、庙市、专业市场等）在宋元明清时期逐渐成为以平民活动为主的民众公共空间外（在中唐以前基本为官市），其他公共空间基本都是君权空间或其附属空间。与宋之前的君权空间相比，教化空间应该是新出现的一种空间形式（唐代有书院，但多为藏书之用），这与宋明"理学"的出现和推广有很大关系。

（2）城市空间和景观环境重构，凸显着君权的城市整体景观环境更为协调

古代社会是宗法礼制社会，围绕着君权而形成的等级结构是其存在方式。都城作为君权之所在，是全国城市体系的金字塔顶尖。等级的高贵需要采取一切手段体现出来，或者是规模巨大，或者是环境景观突出，如《清会典》中记载，"京师重地，房舍屋庐，自应联络整齐"。由此而使全社会都能直观认识到其尊贵，从而树立其权威的空间意识，深入到人的信仰。

具体而言，一方面在都城中，对宫殿的营建无不体现出君王在国家中身份与权威的唯一性。秦之阿房宫、汉之未央宫、唐之大明宫以及

明、清之北京紫禁城等，莫不如此。日本学者伊东忠太在《中国建筑史》① 中提到，"重视宫殿建筑，这是中国建筑最大的特色"。李允鉌在《华夏意匠》② 一书也说："自古以来，中国的皇宫都不是一组孤立的建筑群，它是连同整个首都的城市规划而一起考虑的。"因此，宫廷空间规模之恢宏、技艺之高超、品位之崇高，在所有中国建筑类型中，都首屈一指。皇宫的奢华宏伟与城市平民的建筑简陋形成了鲜明对比。

图4-2 清版清明上河图中的皇宫建筑景观和平民建筑景观对比

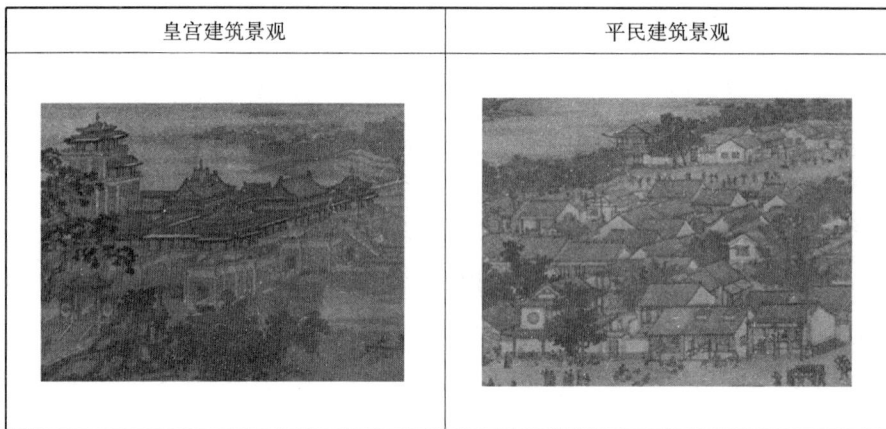

皇宫建筑景观	平民建筑景观

另外一方面，对于地方城市，君权的代表——地方衙署，其空间在城市中占据了最为有利的位置，或居中或居险要，所选之地一般是城市最好的地，交通便利、地位显赫，其周围的地也根据贵者近贱者远的原则为被当地达官贵人所拥有。这种择地方式，很容易形成良好的经商条件（交通和消费能力），以衙署为中心的地域往往也就成为地方城市的经济中心。

---

① （日）伊东忠太著，陈清泉译：《中国建筑史》，中国建筑工业出版社1984年版。
② 李允鉌：《华夏意匠》，中国建筑工业出版社2005年版。

表 4 – 2 宋元明清时期宫廷空间的城市区位分析

时期	布局位置	与外部空间关系	宫廷的城市区位
北宋 东京宫城	内城中央偏西北（旧宫基础上修改而成，规模受限），仍符合"择中立宫"之制	轴线关系：宫的南北轴即为全城主轴。但与内城、外廓的正方位略有偏差（与现状条件有关）。宫前布置官署，左前建宗庙，右前建社稷。 空间主体：以宫城为主体分区	 （图片来源：刘敦桢《中国建筑史》）
南宋 临安南内	城南（环境所限），宫南市北符合"前朝后市"之制	轴线关系：宫城在主轴线南端，轴线由南向北，最后折向西。 空间主体：以宫城为主体。 空间特点：宫廷前开辟广场与东京宣德楼一致，既衬托皇宫又利于包围。	 （图片来源：《中国建筑史 第三卷》）
元 大都宫城	位于城南部中央偏西，充分利用太液池所致。 宫城在皇城东部，太液池东。接近城市中央，合"择中立宫"之制	轴线关系：宫城中轴线贯穿全城，皇城南门正对大都南门，中间有广场左右两侧为千步廊。南北大道宽28M。 空间主体：以宫城为主体。	 （图片来源：《中国建筑史 第四卷》）

续表

时期	布局位置	与外部空间关系	宫廷的城市区位
明清 北京紫禁城	宫城位于内城中心偏南，接近城市中央，合"择中立宫"之制。（清时拆去皇城）	轴线关系：宫的南北轴即为全城主轴。 空间主体：以宫城为主体	 （图片来源：《中国建筑史 第五卷》）

表 4-3 宋元明清衙署所处城市空间位置分析

时期	布局位置	衙署所处城市空间位置图	
宋	中央衙署一般布置在宫城前大道两侧的横街上亦为南北向。以后又在宫前大街两侧建。 地方衙署一般居城市中心，署一般在子城之内，或整个子城作为衙署。	 宋东京图 （（图片来源：邓烨，2004）	 建德府内外城图 （图片来源：《中国古代地图集 城市》）
元	中央衙署一般布置在宫城前，但较散。据《大都城隍庙碑》"立朝廷、宗庙、社稷、官府、库庾，以居兆民，辨方正位，井井有序，以为子孙万世帝王之业"应是遵循星相之说。 地方衙署一般在里城，居城中，与都城宫城类似。	 元大都图 （（图片来源：姜东成，2007）	 元集宁路城图 （图片来源：张红，2009）

续表

时期	布局位置	衙署所处城市空间位置图	
明清	中央衙署一般在宫城前大道两侧即千步廊东西两侧，均东西向。 地方衙署多在城市中心偏北，前临街。清代衙署沿袭明制。 （明定制，地方衙署集中建在一处同署办公，以互相监督。）	 明清北京城图 （（图片来源：《中国建筑史》）	 岳州府城图 （（图片来源：《湖南地方志图汇编》）

　　另外，由于都城是皇帝的所处空间，皇帝的许多活动要在都城内外进行，如郊祀、巡游或与民同乐活动等，因此都城中除宫殿外还形成了很多皇帝的专用空间，如北宋东京，通过在街道中划出御道、河道、走廊等不同功能的道，其中御道专供皇帝通行，道两侧为砖石砌成的河道，把御道与外面隔绝起来。河中种植荷花，岸上栽种桃树、梨树、杏树等。河道外是供市民行走的走廊，廊内设有杈子限制行人进入，以示君权威严和不可逾越。宋元明清时期城市空间重构，但在强化君权空间的威严上，大部分仍采用了划定专属区域、中轴线和抬高竖向高度等设计手法。

　　宋元明清时期的城市景观环境，特别是建筑景观环境由于街坊空间的出现以及官匠制松动后先进建筑技术在平民阶层中得以运用，而得到巨大改变。以往被坊墙包裹的平民建筑景观而今全部以新的面貌展现在众人面前。城市景观环境重构后，新景观较以前更为生动协调（宋以前城市景观多为森严的坊墙）。这种变化自然对以往的君权威严形成挑战，如平民的两层建筑以及富贵人家华丽的建筑装饰等，莫不彰显着政治底层对更高社会等级阶层空间和景观环境资源享用权的渴望。为维护君权的威严，以皇家建筑为标杆依次递减的建筑营缮令被不断完善，以此控制城市建筑景观向着维护君权至上的方向发展。

（3）城市空间类型增加，但在安排上仍采用"君权"优先的原则

《周礼·考工记》中"前朝后市，左祖右社"是中国古代典章中最早有关城市功能分区的内容。这种分区实际上就是一种以宫廷为中心布置各项城市功能区的法则。社会经济的发展，宋元明清城市的功能较周朝时已有很大不同。在元《大都城隍庙碑》中，有段话用先后顺序对城市各功能进行了描述，"至元四年，岁在丁卯，以正月丁未之吉，始城大都，立朝廷、宗庙、社稷、官府、库庾，以居兆民，辨方正位，井井有序，以为子孙万世帝王之业"，排第一位就是朝廷，国家的权力核心，转化为空间就是宫城（皇城）；其次为宗庙和社稷；第三为管理机构（有文和武，官方的市和作坊附属于管理机构），官府；第四为官府的各类存储空间（农业社会的重要保障设施）；再然后可以估计就是民的生产、生活空间了，如居住、市场、作坊（私人作坊）等等。这种功能排序反映了一种典型基于农业文明的宗法礼制社会的特点。城为君权服务，宗庙和社稷是社会信仰的基石，官府是社会秩序的保障，而仓庾是社会物质的重要保障，掌握了这些也就控制了社会。宋元明清时期是如何对这些功能进行空间布局的呢？

从表4-4看来，宋元明清时期城市功能安排上，"君权"空间仍是城市布局首先考虑安排的，尽管较前朝时期城市增加许多功能区，但其功能布置原则并没有变化，仍以"君权"为中心，围绕着它安排各项城市功能事宜，其强调的是"君权"运转效率。这一点从宋元明清时期中央的衙署围绕着宫殿布置可以反映得较为明显。

表4-4　宋元明清都城功能结构布局分析

	宋东京	南宋临安	元大都	明清北京
皇城宫城	城市中心地区	城南	中偏南位置	内城的中部略南偏

续表

	宋东京	南宋临安	元大都	明清北京
中央衙署	皇城前，紧靠城市中心地区	城南，皇城以北	主要布置于皇城内，为宫城前导	主要分布在皇城前，千步廊两侧
军队	重要的城门内外和皇城内	城市东西两端	皇城内	宫城四角，内城
皇家苑囿	皇城内及城外四条御路的侧旁	凤凰山，太糊等处	以城市水面为中心布置	以城市水面为中心布置
祭祀宗教空间 圆丘	城南外	皇城东南城外	城外东南七里，今天坛的位置	城南，外城内
方坛	城外北	城外北郊	城外北六里	城北安定门外
景灵宫	皇城外御街东西两侧	城市西北隅，御街北端，新庄桥之西		
太庙	皇城外御街东西两侧	御街南段，城南瑞石山（皇城外北）	城内东，奇化门通衢北	皇城内天安门之东（清拆去皇城）
社稷坛	皇城外御街之右侧御史台之西，稷坛在东	皇城外御街北段	大都城西，和义门内少南	皇城外天安门西
佛教道教庙宇	皇城外以南，并以此为中心在全城分布大小百余座。	主要集中在南起钱塘门北至余杭门的西大街	自然条件非常优越，符合藏传佛寺选址风水要求	皇城周边，和自然条件非常优越之处
城市商业中心	皇城外东南相国寺区域，以此为中心沿大街呈放射状发展	御街中段为中心，河道码头和中心商业区附近街巷形成各类商业街	城市主干道两侧。官营手工业布置于近宫廷区，各作坊间按生产专业分区	皇城以北的鼓楼、东四与西四一带（元代就开始有，前朝后市，遭运的终点码头）。
仓库区	多集中在河道附近	河道附近	基本散处各交通要道	主要在内城东部和皇城西部。还有一些分布在城郊与交通道口、各城门入口处

	宋东京	南宋临安	元大都	明清北京
居住区	围绕着商业中心、仓储等就业市场、军营周围形成居住区域	官员一般围绕皇城和衙署居住，一般居民居住在中心商业区与地方行政区之间地带	仕者近宫、工商近市	内城主要分布在皇城之外东、西、北三面。外城主要分布在南横街一线与天坛之北

注：资料来源《中国古代建筑史》3～5卷

（4）城市的高度增加，但整体形态依然为"君权"安危所控

"筑城以卫君"，"君"是城的本位，城为君而筑，为君服务的。城市的防卫空间围绕着"君权"安危来考虑，而最典型的防卫空间莫过于城垣。《周礼·考工记》中对城垣制度提出了专门规定"方九里旁三门"。根据贺业钜先生的研究[1]，城垣制度其内容涉及：城垣高度、城垣厚度、女墙、城隅、城门、城壕。《孟子》一书也提到"三里之城，七里之廓"。秦以后至元明清的城市基本以方形城墙作为其城垣形制，并且形成了多层次的城垣防御体系（如表4－5）。

表4－5　宋元明清时期都城形制比较表

	北宋东京	南宋临安 （行都）[2]	元大都	明清北京[3]
建城基础	州城改建	州城改建	新建	原都城改建

---

① 贺业钜：《考工记营国制度研究》，中国建筑工业出版社1986年版，第138页。

② 何忠礼：《南宋史及南宋临安研究》，人民出版社2004年版，第803页。

③ 刘敦桢：《中国古代建筑史》，中国建筑工业出版社2004年版，第281页。

续表

		北宋东京	南宋临安（行都）	元大都	明清北京
规模	总面积	52km²	60km²	50km²	35km²
	外城	南北：7590、7660 米 东西：6940、6990 米	南北：14000 米 东西：5000 米	南北：7600 米 东西：6700 米	南北：3100 米 东西：7950 米
	内城	南北：2900 米① 东西：2400 米	无	无	南北：5350 米 东西：6650 米
	皇城	南北：570 米 东西：690 米	南北约：600 米，东西约：800 米②	南北：1900 米 东西：2650 米	南北：2750 米 东西：2500 米
	宫城	有待考古 据记载周长约5里	有待考古	南北：1520 米 东西：745 米	南北：960 米 东西：760 米
城市形制	外城：	东西：南北1：1.1 平面并不方正	东西：南北1：2.8 腰鼓形	东西：南北1：1.13，平面方正	东西：南北1：2.56 长方形，但城市整体为凸字形平面
	内城：	东西：南北1：1.2	无内城	无内城	东西：南北1.24：1
	皇城：	东西：南北1：1.2	东西：南北1：0.75 近似不规则长方形	东西：南北1：1.39，长方形	东西：南北1：1.1 不规则方形
	宫城：	有待进一步考古	有待考古	东西：南北1：2.04，长方形	东西：南北1：1.26，长方形

① 张驭寰：《北宋东京城复原研究》，《建筑学报》2000 年第 9 期，第 64 ~ 65 页。
② 李合群，尹家琦：《试析北宋东京南北御街街道景观》，《开封大学学报》2009 年第 1 期，第 12 ~ 16 页。

续表

		北宋东京	南宋临安（行都）	元大都	明清北京
城垣配置	重数	4重	2重	3重	明4重，清3重
	相对位置	宫城、皇城、内城、外城基本居中，重合	皇城在城市南	宫城在皇城东，皇城在外城南部居中，均无重合	宫城在皇城偏东南，皇城在内城中心偏南居中，
	城门配置	外城：15座，南三、东四、西四、北四；内城：10座，南三、东二、西二、北三；宫城：7座，南三、东二、西一、北一	外城：13座，西北1、南1、西4、东北1、东6；皇城：4座，东南西北各1；宫城：4座，各1	外城：11座，东南西3、北2；皇城：？？宫城：6门，南3，东西北各1；	外城：9座，南3，东西各1，北3（2）；内城：9座，南3，东西北各2；皇城：4座，各1；宫城：4座，各1；

资料数据来源：何忠礼，2004；李合群，2004；张驭寰，2004 等

　　从表4-5可以看出，宋元明清时期都城的城墙并没有过分地追求方正，规模也不是一成不变，但其空间层次仍是以"君权"为出发点的，或者三重或者四重。最里层、最核心的是宫城即皇帝所在之处，是皇帝居住，听政的场所，保护的是掌握"君权"的人；然后是皇城，主要保护的是部分中央衙署和其他皇亲贵族，即与"君权"有直接关系的人；然后再是内城，其内主要是地方政府、城市的富裕阶层和为直接为"君权"服务的人，即"君权"的外延机构和"君权"庇护下的人。清代内城以八旗子弟为主要居民，充分体现了内城为"君权"的重要捍卫部分。最外层为外城，其内主要为城市平民，为保证城市正常运转的各行各业的社会底层，与其他城市居民相比，他们与"君权"相距最远。

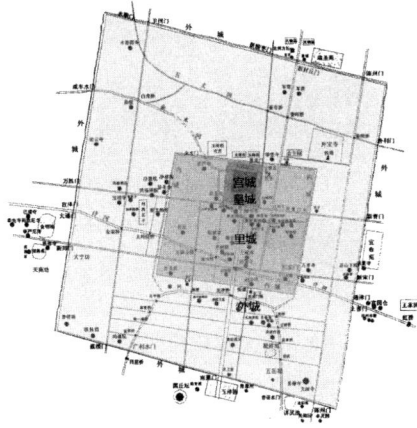

图 4 - 3 北宋东京形制示意图（图片来源：李合群《北宋东京布局研究》）

图 4 - 4 南宋临安平面形制示意图（图片来源：《中国古代建筑史》第三卷）

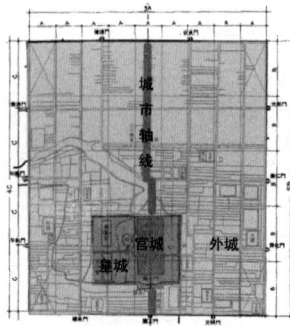

图 4 – 5　元大都平面形制示意图

（图片来源：傅熹年《中国古代城市规划、建筑群布局及建筑设计方法研究》）

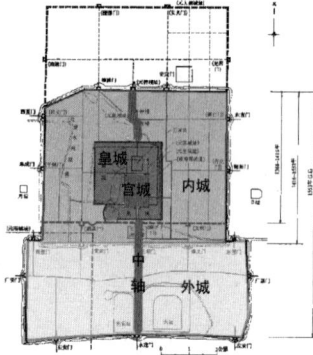

图 4 – 6　明清北京平面形制示意图（图片来源：《中国古代建筑史》）

宋元明清时期，都城中对"君权"的防卫除了采用多层次的城垣防御外，在立体空间上还有专门考虑。

图 4 – 7　北京部分建筑高度和建筑体量图

（资料来源：马国馨《北京中轴线实测图集》、张先得《明清北京城垣和城门》）

唐宋以后，民居中的阁楼建筑开始普遍出现，城市建筑的高度普遍增加，这使得统治者不得不考虑来自空中的潜在威胁，因此建筑高度自然也纳入其城市环境的管理控制范围。以明清北京城的主要建筑高度统计为例，除了钟鼓楼外，城市最高的建筑基本为作为防御设施的城楼和箭楼（钟鼓楼其实也是具有防御性质的设施），而城市中大多数民居建筑被控制在低于城墙高度的 12 米。这样整个城市都处于监视之下，"君权"的安危有了空间高度的保障。

图 4－8　北京的中轴线部分天际轮廓（图片来源：www. picturechina. com. cn）

宋元明清时期，对于"君权"空间的防卫，除了都城建立多层次立体化的防御外，对于地方城市城垣则采用遏制的办法，限制其他任何可以产生对"君权"威胁。如《宋会要·方域·诸城修改移》就有这样的记载，"定州路安抚使司状，今相度到定州不依式修过楼子，欲将旧来法制施行。所有马面相去五十余步去处，委是稍稀，如因今有摧塌，即将稍稀去处依元丰城隍制度添置。本路及其余州军，并乞依此施行"，可见宋代城隍制度已经将城垣的建设形制标准明确出来。到元代，地方城市的城垣基本被拆除。如《元典章·工部二》记载，地方上奏"目今草寇生发,合无于江淮一带城池,西至峡州,东至扬州,二十二处,聊复修理,斟酌缓急,差调军马守御,似为官民两便",但中央的回复却是"待修城子无体例",其意思就是,在元朝没有地方城市修建城垣的先例。可见,元代"君权"的稳固远比百姓的安危要重要得多。再从山西太谷县的这张照片来看,整个城市基本处于官府的监视之下。

图4-9　1890年山西太谷县城（图片来自www.picturechina.com.cn）

4.2　"等级分明"

4.2.1　等级分明是礼制的实质内容

等级划分是指通过上下各等级权利义务、行为规范的界定、执行和遵守,从而达到由上对下的有效控制和社会的有序运转,它是社会管理的重要手段①。中国古代很早就有了等级制度,周代继承和发展了夏、

---

① 杨为星:周代等级制度述微,云南教育学院学报,1998年第4期,第14页。

商以来的等级制度。《左传》记载，"普天之下，莫非王土；率土之滨，莫非王臣。天有十日、人有十等，下所以事上，上所以共神也。故王臣公，公臣大夫，大夫臣士，士臣皂，皂臣舆，舆臣隶，隶臣僚，僚臣仆，仆臣台，马有圉、牛有牧"。这段史料提到了周代的社会等级划分，王、公、大夫、士、皂、舆、隶、僚、仆、台等。其中，士以上为贵族阶层，享有社会许多特权，如"刑不上大夫"。

在宗法礼制社会中，等级的确定并不是根据财富的多寡和才能的高低，而是根据血缘的亲疏和职业的种类。王国维先生在《殷周制度论》[①] 提到，周平定天下后，确立了以嫡长子继承、庶子分封为核心内容的宗法分封制，并由此而衍生了庙数之制、同姓不婚之制等等。这些划分血缘亲疏的制度与等级划分密切结合，从而划分了人的高低贵贱。天子、诸侯、卿大夫、士、庶民之间，既有政治上的等级隶属关系，又有嫡系与旁系的宗法血缘关系。血缘关系越近，等级地位越高，反之则越低。同时，随着周代社会发展，族群不断扩大，社会分工不断细化，对于大量新加入的异族人，则在血缘亲疏准则基础上，根据职业划定社会等级。如《左传》所记载，"天子建国，诸侯立家，卿置侧室，大夫有贰宗，士有隶子弟，庶人工商，各有分亲，皆有等衰"，士以下的庶人、工、商，地位各有高低。等级一旦划定，其权利义务和行为规范也就确定了。这种明确后的等级身份是世袭的。对于贵族来说，则根据血缘亲疏来分享其权利的多寡，对于庶民来说就是"农之子恒为农，工之子恒为工，商之子恒为商"。因此，依据血缘亲疏划定社会等级的制度，一方面以血缘中所蕴含的伦理道德的名义，协调了各阶层内部的资源分配问题，避免了阶层内部的混乱和纷争，另一方面则以血缘伦理巧妙的取代社会政治伦理，使国家的政治权力始终保留在统治者手中，达到了其君权永袭的目的。由于有一举两得之用，周朝统治者"纳上下

---

① 王国维：《观堂集林》，中华书局 1959 年版。

于道德"①，以伦理道德的名义制定"礼制"，纲纪天下。从《周礼》的内容来看，如"大都三国之一，中五之一，小九之一"的城建制度、"天子七庙，诸侯五庙，卿大夫三庙"的宗庙制度、"天子九鼎八簋，诸侯七鼎六簋，卿大夫五鼎四簋，士三至一鼎"的列鼎制度等，其实质上就是一套极为细化的等级制度。通过礼制明确出来的等级名分，由于有社会和家庭两方面的意义，因此，周以后的各朝各代对此倍加推崇。

4.2.2 "营国制度"——等级划分思想的延伸

"营国制度"对于不同等级的城池有着明确的划分。根据《周礼考工记》记载："王宫门阿之制五雉，宫隅之制七雉，城隅之制九雉。经涂九轨，环涂七轨，野涂五轨，门阿之制以为都城之制，宫隅之制以为诸侯之城制，环涂以为诸侯经涂，野涂以为都经涂"，这段话意思就是，王宫的城门高为五丈（约 11.55 米），王宫城墙高为七丈（约16.17 米），王城城墙高为九丈（约 20.79 米）。经路宽为九车宽（约14.4 米），环城路为七车宽（约 11.2 米），城郭外的路为五车宽（约 8米）。卿大夫采邑城隅的高度与王宫门阿的高度相同，高为五丈（约11.55 米）；诸侯城的城隅高度与王的宫隅高度相同，高为七丈。诸侯城的经路宽度与王城环城路的宽度相同，即七轨；卿大夫采邑经路的宽度与王城城郭外道路的宽度相同，即五轨。（如表 4 - 6）

表 4 - 6 "营国制度"的城池等级与各种尺度关系

	宫城城门高	宫城墙高	城池墙高	经路宽	环城路宽	城外路宽
王城	五丈	七丈	九丈	九轨	七轨	五轨
诸侯城			七丈	七轨	·	
卿大夫采邑城	无台门		五丈	五轨		

---

① 王国维：《观堂集林·殷周制度论》，中华书局 1959 年版。

《周礼·考工记》对王、诸侯、卿大夫所居之城做出了相应的规定，由城门高低、城墙高矮、道路宽窄反映出城主的身份、地位的不同，这正是等级制的空间表达形式。这一点在《礼记·礼器》中解释得尤为明显。"有以高为贵者。天子之堂九尺，诸侯七尺，大夫五尺，士三尺，天子诸侯台门。此以高为贵也"营国制度以空间为手段，通过空间的大、小、高、低、有、无区分出高低贵贱等级差别来。而这一思想同样被延伸到发源于"营国制度"的城市设计礼制思想中来。

4.2.3 宋元明清时期的空间等级设计思想特点

（1）建筑管理上等级控制不断加强

根据考古发掘，在中国原始社会时期，不同功能的建筑在规模上、形式上、材料上就有所区别。这应是最早的建筑等级制，以此区分建筑的重要性，其区分依据就是与建筑相匹配的功能对于原始人生活的重要程度。到周代时，建筑等级制则逐渐成为社会等级制度的延伸，成为与社会等级相匹配的空间权利的物化。一方面，通过不同建筑形式区分社会不同等级的人，另外一方面就是界定社会不同等级的人的空间权利。如"天子七庙，诸侯五庙，卿大夫三庙"，就显示出地位越高就享有规模越大的祭祀空间，掌握的是更多的与"祖先"神灵交流的权利。

宋代的建筑等级制度沿袭唐制。唐代建筑等级制度明确的写入唐代律法之中，即《开元令·营缮令》。以唐《开元令·营缮令》、宋《天圣令·营缮令》与周代《周礼·考工记》中有关建筑等级区分比较，唐宋时与周已有很大不同。第一，唐宋时期要求宫室之制自天子至庶人各有等差，而周对于庶人基本没有提到。周没有规定庶人营建标准并不代表庶人可随意建造。在当时社会条件下，庶人无论是经济还是政治上都须依附于贵族，同时工匠为君王贵族所有（工官制），技术完全被其垄断。这种依附实际上就限制了庶人的空间营建自由，其享有的空间权利也依附于其所属贵族，规定了贵族营建标准也就规定了庶人。到唐宋时，经济的不断发展使一部分没有贵族身份的人在经济上有了很大实力，他们在营建高规格建筑上有了经济可能。同时，官匠制的松动使只有权力才能掌握的营建技术也得到扩散。为了避免这部分人可能造成空间权利分配上的混乱，并由此造成社会等级秩序混乱，统治者就制定法律加以限制。当然这种限制主要是上对下的限制。第二个不同在于，建筑等级注重点由宗教和防卫开始向生活转移。周代宗教在政治上有很大影响力，可以说是"政教合一"① 的社会，掌握了祭祀空间就掌握了大部分的政治权力。因此，周朝统治者对于祭祀建筑的等级有明确限制，对祭祀建筑的控制就是对政治权力的控制，对于生活空间反而关注不多。到唐宋时期，政治已向世俗转移，宗教意义减弱，建筑等级控制是不同等级享有的社会权利控制，其关注点转向各类建筑的建体量、建筑群组、建筑形态和邻里关系、建筑装饰等方面。第三点不同是建筑等级体现出细节化。这一点主要是建筑技术的发展带来的结果。中国古代传统木结构体系的基本做法，至宋代已经基本成熟，并产生了两种新趋向：在形式上，讲求轻巧和变化；而在技术上，为着简便设计和施工，则朝着标准定型的方向发展。各种细节的做法都形成了标准样式，"世代相传，经久可以行用之法"。因此在管理上，等级控制要求也随之跟进。

---

① 闽红：《官师一体政教合一》，《上海师范大学学报》2003 年第 3 期，第 95 页。

表4-7 唐、宋时期"营缮令"中居住和办公建筑等级
控制标准比较

	控制内容	一、二品	三、四、五品	六、七、八、九品	庶人
唐	堂舍	不得过五间九架	不得过五间七架	不得过三间五架	不得过三间四架
	两头门屋	不得过五间五架	不得过三间两架	不得过一间两架	不得过一间两架
	大门			不得乌头大门	不得乌头大门
	重栱藻井	不得重栱藻井	不得重栱藻井	不得重栱藻井	不得重栱藻井
	工字殿			不得造工字殿	不得造工字殿
	建筑装饰			不得施悬鱼、对凤瓦兽、通袱、乳梁	不得辄施装饰
	楼阁				士庶公私宅第，皆不得造楼阁。
宋	堂舍	不得过九架	不得过七架	不得过五架	不得过五架
	门舍	不得过五架三间	不得过三间两架	不得过一间两架	不得过一间两架
	大门			不得乌头大门	不得乌头大门
	重栱藻井	不得重栱藻井	不得重栱藻井	不得重栱藻井	不得重栱藻井
	装饰				不得五色文采为饰

注：《宋史·志第·舆服》记载，"凡民庶家，不得施重栱、藻井及五色文采为饰，仍不得四铺飞檐。庶人舍屋，许五架，门一间两厦而已。""又屋宇非邸店、楼阁临街市之处，毋得为四铺作闹斗八；非品官毋得起门屋；非宫室、寺观毋得彩绘栋宇及朱黝漆梁柱窗牖、雕镂柱础。"

　　元代所存时间较短，但也颁布了建筑等级的法令，其主要控制对象为公廨，即依据公廨的等级，制定出建筑标准。在《元典章　工部　公廨》①中记载，"路、府、州、司、县合设廊宇间座数目。总府廨宇：（已有廨宇，不须起盖，有损坏处计料修补）正厅一座，五间，七檩，六椽；司房东西各五间，五檩，六椽；门楼一座，三檩，两椽。州廨宇：正厅一座，五檩，四椽（并两耳房各一间）；司房东西各三间，三檩，两椽。县廨宇：厅无耳房，余同州"，《元史　刑法四》也规定有"诸小民房屋，安置鹅项衔脊，有鳞爪瓦兽者，笞三十七，陶人二十七"。可见元代建筑等级制度依然很严格，只是在控制内容上略有不同，但与唐宋时期并无本质差别。

　　明清时期，随着统治者对皇权的进一步强化，社会等级变得更加森严，从而建筑等级制度也变得更为详细严密（详见表4-8）。

　　明清时期严格的建筑等级制度结合建筑技术的标准化，使城市建筑从整体到细部都有了相应的设计标准，因而形成了较为统一的建筑空间形态比例和建筑景观。另外一方面，这种严密的规定，一定程度上又限制了人的创造力，扼杀了建筑创新的可能。

---

　　① 吴于廑，齐世荣整理：《大元圣政国朝典章》，中国广播电视出版社1998年版。

表4-8 明、清时期对居住和办公建筑等级控制标准

	控制内容	公、侯	一、二品	三、四、五品	六、七、八、九品	庶人
明	前厅	七间九架	五间九架	五间七架；	三间七架	三间五架
	中堂	七间九架		三间两架；	不得过一间两架	一间两架
	后堂	七间七架			不得乌头大门	不得乌头大门
	门屋	三间五架	三间五架	不得重栱藻井	不得重栱藻井	不得重栱藻井
	门	用金漆及兽面摆锡环	用绿油及兽面摆锡环	用黑油，摆锡环	黑门，铁环。	不得造工字殿
	屋脊	花样瓦兽	许用瓦兽	用瓦兽	不得施悬鱼、对凤瓦兽、通袱、乳梁	不得辄施装饰
	廊庑库厨从屋	五间七架	许从宜盖造，但比正屋制度务要减小，不许太过			士庶公私宅第，皆不得造楼阁。
	建筑装饰	梁栋斗栱檐桷、用彩色绘饰。窗枋柱用金漆或黑油饰	梁栋斗拱檐角青碧绘饰。门窗户牖并不许用朱红油漆	梁栋檐角青碧绘饰。门窗户牖并不许用朱红油漆	梁栋止用土黄刷饰。门窗户牖并不许用朱红油漆	不许用斗栱及彩色妆饰
	其他	公廨三间，耳房左右各二；府州县外墙高一丈五尺，府治深七十五丈，阔五十丈，州县递减之。公廨后房屋，正即官居之，左右，佐贰首领官居之。公廨东另盖分司一所，监察御史按察司居之。公廨西一所，使客居之。军民房屋不许盖造九五间数。				不得过三间，房屋架多而间少者，不在禁限

	控制内容	公、侯	一、二品	三、四、五品	六、七、八、九品	庶人
清	厅房		七间九架	五间七架	三间七架	三间五架
	正门		五架三间	三间三架	一间三架	一间两架
	大门		绿油，兽面铜环	黑油兽面摆锡环	黑油，铁环	
	台阶		三品官以下房屋，台阶高两尺，四品官以下至士民房屋，台阶高一尺			
	屋脊		花样兽吻	许用兽吻		
	装饰	梁栋许画五彩杂花，柱为素油	中梁贴金，正房得立望兽；梁栋斗拱、檐桷彩色绘饰	梁栋斗拱、檐桷青碧绘饰	梁栋止用土黄刷饰	不用斗拱彩色雕饰

注：资料来源：明《仪礼定式》、《大明律》、《稽古定制》、《大明令》、《大清律》等。

（2）城市空间依据与君权的关联程度进行分级和分区布置

现代城市功能主要是围绕让人生活更美好而进行安排和考虑的。但中国古代城市有所不同，其主要目的是围绕着君王的统治而考虑的，其功能划分以及在各功能空间城市中的布局安排与现代有很大不同。城市各功能空间区位等级分明是其重要特点。

就功能而言，《周礼·考工记》中有对周代城市功能的分类描述，"左祖右社，面朝后市"就反映出，其城市功能以君王为中心，依次为防卫功能（军事统治）、祭祀功能（精神统治）、管理功能（社会统治）、交易功能

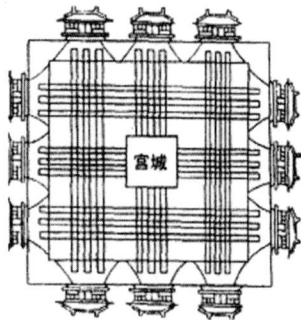

图 4-10 周王城图

（经济管理）。其他一些为统治者服务的附属功能在此段文字中没有体现，但通过考古还是有所发现，如生产功能（主要为统治者服务的手工业作坊）、居住（城市平民居住区）。附属功能由于其直接使用者的社会地位低下，因此根本没有在其制度文献中体现。宋元明清时期，随着经济的发展，城市功能较周已经有很多增加，但围绕着君王来进行城市功能排序的思路并没有变化。元《大都城隍庙碑》所排列的朝廷、宗庙、社稷、官府、库庾即为一种功能等级的排序。第一为朝廷，国家的权力核心，转化为空间就是宫城（皇城）；其次为宗庙和社稷；第三为管理机构（有文和武，官方的市和作坊附属于管理机构），官府；第四为政府的各类存储空间（农业社会的重要保障设施）；再然后就是民的生产、生活空间了，如居住、市场、作坊（私人作坊）等等。

而城市的空间区位等级，就防御的角度来看，城市中最安全的位置往往就是等级最高的位置。当然，古代城市内部空间的区位等级还受交通、文化等其他因素的影响，《史记·周本纪》记载有，"成王在丰，使召公复营洛邑，如武王意。周公复卜申视，卒营筑，居九鼎焉。曰：此天下之中，四方入贡道里均"，这里可以看出，对于选择城址来说交通是一项重要的因素。同时，中国古代传统文化中，对于方位也是很有讲究的，《淮南子·天文训》记载，"中央土也，其帝黄帝，其佐后土，执绳而制四方"，文化观念的方位排序中，五方就有了高下。综合安全、文化以及交通等因素后，周王城的理想模式就形成了宫城居中的格局，"中"成了周代城市空间中最好的区位，然后由中往外，距离"中"越远的地方区位等级越低。而这一空间等级的思想也由此一直影响到宋元明清时期。

根据考古和李合群①、邓烨②等的研究反映，北宋开封，皇城占据城市中心地区，官署大部分布置在皇城前，同样紧靠城市中心地区。军

---

①　李合群：《北宋东京布局研究》，（博士学位论文），郑州大学 2005 年。

②　邓烨：《北宋东京城市空间形态研究》，（硕士学位论文），清华大学 2004 年。

队分别驻扎在重要的城门内外和皇城内。皇家苑囿除皇城内的，其他则选择在城外四条御路的侧旁位置，交通十分方便。祭祀宗教空间则根据礼制和使用要求，分布于城市各处。其中，圆丘坛根据《周官》"冬至日，祀天于南郊，就阳位也"，建于外城南薰门外，即南郊祭天；方坛则建于外城北墙封丘门外西部。除天坛地坛外，宋还建有朝日坛、夕月坛、钦天坛、五帝坛、雨师坛等等。东西景灵宫是北宋皇帝定期朝飨的地方，位于宣德门前御街东西两侧。太庙是祭祖的场所，往往与社坛并列，《周礼·考工记》中所说"左祖右社"，即宗庙在左，社稷坛在右。宋东京城也按此布置，但与隋唐在皇城中不同，在皇城外的御街东西两侧，社坛位于皇城前御街右侧御史台的西边，稷坛在东边。承担部分南郊之礼的明堂位于皇城内。其他一些佛教道教庙宇，如太平兴国寺、万寿朝元宫、景灵宫、相国寺等（皇帝去祈祷的）主要布置在皇城以南，并以此为中心呈同心圆的形式布置。城市商业中心位于皇城东南相国寺区域，并以相国寺区域为中心沿着大街呈放射状。仓库区一般集中在河道附近。这主要是当时受交通方式的制约，同时与劳动力和就业市场之间存在着密切的联系。围绕着商业中心、仓储形成居住区。由于北宋军制的独特性，在军营周围也形成了以士兵家属为主的居住区域。

南宋临安考古和相应研究也有很多，根据何忠礼[1]、徐吉军[2]等的研究，临安原本府州城，自绍兴十一年（1141年）与金人达成和议后，开始作为行都进行营建。经过数任皇帝营建终成都城气象。全城采用了"南宫北城"的基本城市格局。城南是临安的政治中心，皇城、中央官署集中布置在此，并占据城市最高或较高的制高点。地方行政一般布置在城西沿清波门至丰豫门近城垣地带。守卫都城的军队驻扎在城市东西两端。由于是在州城基础上改建都城，又没有做大规模的扩建和改建，因此临安城的祭祀空间营建受到很多限制。社稷坛在御街北段，其余在

① 何忠礼：《南宋史及南宋都城临安研究》，人民出版社2009年版。
② 徐吉军：《南宋都城临安》，杭州出版社2008年版。

南郊及东郊，如圜丘坛建于皇城东南城外；太庙在御街南段；皇帝祭拜祖宗的景灵宫在城市西北角，御街的北端，新庄桥之西；寺庙和道观主要布置在南起钱塘门北至余杭门的西大街。商业中心位于御街中段，官府商业区位于通江桥东西地带。另外在河道码头和中心商业区附近街巷还形成各种专业商业街。官府仓储在北茅山河至清湖河之间地带及城西北隅，一般货栈多在城北与货运码头相接的地方。官员居住在南起清河坊沿清湖河而北，直抵武林坊南一带，以及御街东、德寿宫北，丰乐桥南，东达丰乐坊一带。在御街东，新门以北，白洋湖以南，介于市河与盐桥河之间地带，以及御街西，钱塘门以南，丰像门以北，介于中心商业区与地方行政区之间地带为一般居民区。

元代大都，一座完全由忽必烈根据其政治理想营建的新城，体现了礼制秩序与蒙古族习俗紧密结合的规划思想。根据考古和阎崇年[①]、姜东成[②]等的研究，元大都宫城布置在全城规划主轴线上，以中偏南位置，乃国都"中心区"，以示"尊"之。主要官署布置于皇城内，为宫城前导空间。由国子监、太学以及孔庙组成的中央级文教区位于皇城内，作为综合分区的一个组成部分。蒙元入主中原后，在大都依照汉制建起礼制建筑。太庙位于奇化门通衢北；社稷坛位于大都城西、和义门内少南；南郊坛位于丽正门东南七里今日天坛的位置；先农、先蚕二坛的位置在城外东南籍田内；祭雷、雨师于西南郊；元大都太乙神坛的位置在皇城东南；祭祀紫微星的云仙台在皇城西南与太乙神坛对称的位置；元大都敕建佛寺都建在靠近山和水的地方。城市商业区沿城市规划主干道两侧布置，商业网点多沿街设置。手工业区官营手工业靠近宫廷，各作坊间按生产专业进行分区。居住区按街巷、分地段组织居民聚居，基本上继承分阶段按职业组织聚居的传统体制，可分为皇室、权

---

① 阎崇年：《中国古都》，中国民主法制出版社 2008 年版。

② 姜东成：《元大都城市形态与建筑群基址规模研究》（博士学位论文），清华大学 2007 年。

贵、官吏、工商、一般居民以及侨民等几类。坊巷内一般不准开设店铺。仓库区主要仓库基本散处各交通要道。

明清北京利用元朝大都旧址，但设计却是以明代都城制度而进行的，其规模更宏伟，布局更严整。根据考古和罗保平①、张先得②等的研究，清朝基本沿用明朝形制，进行多是重修或改建，增建的只是一小部分。明北京皇城位于内城的中部略偏南（清朝时拆除皇城城墙），宫城位于皇城中部偏东。太庙位于皇城外天安门之东，社稷坛位于皇城外天安门西。御苑位于宫城西侧，皇城内的其他地区多为官署机构办公地。国家机构主要分布在皇城之前，前门之内，千步廊的两侧。除皇城前面之外，还有些机构散布于城内各处。明清时期的仓储机构主要分布在内城东部和皇城西部。内城的官仓全部为粮仓，以供应皇室、军队、官僚所用。皇城西部的仓储主要贮存皇室与内府所需的各种物品。还有一些仓储分布在北京城郊与城内各处。明清北京的商业由两部分组成，固定的商业店铺和以市场为主的商品交易地。内城的商业区主要在皇城以北的鼓楼、东四与西四一带。除此外，北京内城的各重要交通道口，由于人员往来较多，商业活动也较活跃。明清时期北京内城的住宅区主要分布在皇城之外的东、西、北三面。外城的住宅区主要分布在今西城区南横街一线与天坛之北，以南地区多为旷地，仅散布有少量住宅。

宋元明清时期，城市功能复杂化，仅仅以"左祖右社，面朝后市"的规则很难安排所有的城市功能。但是此规则提炼出来的，依据与君权关联度高低对城市功能空间进行分级，然后再将之一一安排到相应的各不同区位等级城市空间中，成为其主要空间布局方法。这一布局方法与保障城市效率为目的的现代城市规划有很大不同。

---

① 罗保平：《明清北京城》，北京出版社 2000 年版。
② 张先得：《明清北京城垣和城门》，河北教育出版社 2003 年版。

（3）空间、建筑等级控制的制度保障越来越完善

为了维护统治者所制定的社会等级秩序，统治者往往采用了"礼制"的手段以执行其等级规则。周朝就将城市空间、建筑等级的要求写入了《周礼》，而《周礼》则是周朝的官书，相当于现在的行政管理法律、法规。

宋元明清时期，随着城市营建体制日趋完善，与周相比，城市空间建筑的等级区分有了更为完善的法律、行政、技术、制度体系保障，空间等级之间越来越不可逾越。

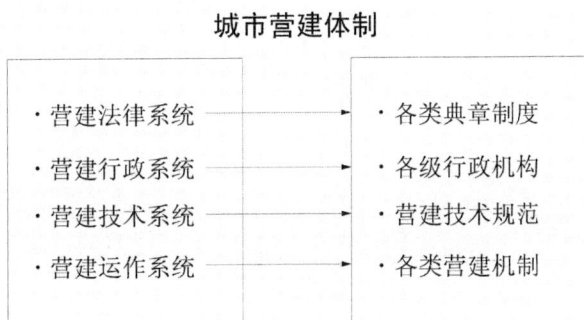

城市营建体制

```
·营建法律系统  ──→  ·各类典章制度
·营建行政系统  ──→  ·各级行政机构
·营建技术系统  ──→  ·营建技术规范
·营建运作系统  ──→  ·各类营建机制
```

图 4-11 古代城市营建体制构成图

表 4-9 宋、元、明、清各代营建制度典章涉及营建内容分类

	营建流程	营建分工	营建工匠及劳役制度	城市营建控制	建筑技术规范
宋	1.《天圣令》：营缮令； 2.《建炎以来朝野杂记》 3.《宋会要》	1.《天圣令》：营缮令； 2.《宋会要》：职官	1.《宋刑统》：名例律·犯流徒罪、户婚·脱漏增减户口疾老丁中小； 2.《天圣令》：营缮令； 3.《建炎以来朝野杂记》 4.《宋会要》	1.《天圣令》：关市令； 2.《太常因革礼》 3.《宋大诏令集》 4.《宋朝事实》 5.《中兴礼书》及《续》 6.《建炎以来朝野杂记》 7.《宋会要》	1.《营造法式》 2.《木经》

续表

	营建流程	营建分工	营建工匠及劳役制度	城市营建控制	建筑技术规范
元	1.《至元新格》 2.《元典章》 3.《通制条格》 4.《元史》	1.《至元新格》 2.《元典章》 3.《通制条格》 4.《元史》	1.《成宪纲要》 2.《至元新格》 3.《元典章》 4.《通制条格》 5.《元史》	1.《至元杂令》 2.《通制条格》 3.《元史》	1.《无冤录》;（尺度标准）
明	1.《洪武礼制》 2.《御制大诰》 3.《大明律》 4.《洪武永乐榜文》 5.《纲宪事类》 6.《皇明成化二十三年条例》 7.《明皇条法事类纂》 8.《工部为建殿堂修都城劝民捐款章程》 9.《大明会典》 10.《守城事宜》 11.《两宫鼎建记》 12.《明会要》 13.《明代营造史料》（今人编汇）	1.《诸司职掌》 2.《大明律》 3.《皇明典礼》 4.《皇明成化二十三年条例》 5.《明皇条法事类纂》 6.《南京工部职掌条例》 7.《大明会典》 8.《两宫鼎建记》 9.《明会要》 10.《明代营造史料》（今人编汇）	1.《大明令》 2.《资世通训》 3.《御制大诰》 4.《诸司职掌》 5.《大明律》 6.《明皇条法事类纂》 7.《节行事例》 8.《皇明诏令》 9.《问刑条例》 10.《大明会典》 11.《两宫鼎建记》 12.《明会要》 13.《明代营造史料》（今人编汇）	1.《大明令》 2.《大明集礼》 3.《祖训录》 4.《洪武礼制》 5.《仪礼定式》 6.《诸司职掌》 7.《礼制集要》 8.《稽古定制》 9.《大明律》 10.《皇明典礼》 11.《明皇条法事类纂》 12.《嘉靖新例》 13.《明伦大典》 14.《王国典礼》 15.《新锲华夷一统大明官制》 16.《皇明诏令》 17.《问刑条例》 18.《大明会典》 19.《皇明典礼志》 20.《工部新刊事例》 21.《明会要》	1.《造砖图说》 2.《新编鲁班营造正式》 3.《工师雕斫正式鲁班经匠家镜》

续表

	营建流程	营建分工	营建工匠及劳役制度	城市营建控制	建筑技术规范
清	1.《大清律》 2.《清朝文献通考》 3.《钦定工部则例》嘉庆三年 4.《钦定内务府现行则例》 5.《钦定续纂内务府现行则例咸丰》 6.《钦定总管内务府现行则例南苑道光》 7.《总管内务府续纂现行则例南苑道光》 8.《钦定宫中现行则例光绪六年》 9.《钦定工部则例光绪九年》 10.《大清会典》	1.《大清律》 2.《清朝文献通考》 3.《钦定内务府现行则例》 4.《钦定续纂内务府现行则例咸丰》 5.《钦定王公处分则例咸丰六年》 6.《钦定回疆则例道光二十二年》 7.《钦定总管内务府现行则例南苑道光》 8.《总管内务府续纂现行则例南苑道光》 9.《钦定宫中现行则例光绪六年》 10.《钦定工部则例光绪九年》 11.《大清会典》	1.《大清律》 2.《清朝文献通考》 3.《大清会典》 4.《钦定宗室觉罗则例》	1.《满文老档》 2.《大清律》 3.《清朝通典》 4.《清朝文献通考》 5.《钦定工部保固则例》 6.《钦定王公处分则例》咸丰六年 7.《大清会典》 8.《钦定宗室觉罗则例》	1.《太和殿纪事》 2.《工程做法》雍正十二年 3.《工程简明做法册》 4.《内廷工程做法》 5.《九卿议定物料价值》 6.《城工事宜》 7.《钦定工部则例》（乾隆十四年） 8.《钦定工部则例》乾隆二十四年 9.《物料价值则例》 10.《内廷圆明园内工诸作现行则例》 11.《圆明园、万寿山、内廷三处汇同则例乾隆》 12.《工段营造录》 13.《钦定工部则例嘉庆三年》 14.《钦定工部则例嘉庆二十年》 15.《钦定工部续曾则例》 16.《大清会典》 17.《营造算例》 18.《牌楼算例》

注：书目来源依据周雨婷《中国历代建筑典章制度》。

　　从宋元明清各时期空间、建筑等级典章文献来看，一旦出现等级逾越的情况，各朝代都是有着相应的法律处罚，而尤以元明清时期极为严格。《元史·刑法四》中规定，"诸小民房屋，安置鹅项衔脊，有鳞爪瓦兽者，笞三十七，陶人二十七"，也就是建筑屋顶装饰等级逾越，是要受笞刑的；明代《祖训录·营缮》要求"凡诸王宫室，并依已定格式起盖，不许犯分"，《大明令·礼令》中规定，"民间房舍，须要并依令内定式。其有越雕饰者，铲平；彩妆青碧者，涂土黄；其斗拱、梁架成造岁久，不须改毁。今后盖造违禁者，依律论罪。"

4.3 礼教仪式

4.3.1 礼的宗教渊源

《说文解字》所解，礼源于祭祀。王晓锋认为"礼字的最早的文字形式像用器具托着两块玉奉给鬼神，这是氏族成员对祖先的祭祀仪式，也是礼的雏形意义"①。而这种祭祀的行为则是针对祖先，通过祭祀祖先以敬天事神，维系以血缘为基础的氏族社会。可以说，原始的礼主要是氏族成员共同的祭祀活动，是宗教信仰行为。进入奴隶社会后，父系家长制转化成宗法制，"礼"成了贵族统治者的统治手段，它以原始的鬼神崇拜为核心，形成了宗教、政治、伦理三位一体，并以典章、制度、规矩、仪轨、节度等形式，涵盖宇宙、社会、人事、鬼神等等一系列内容。春秋时期，由于生产力的发展，在实践的不断检验下，原来的一些对世界的认识被不断质疑。从而产生了以文化理性的思维方式取代殷商时以原始宗教观念。但是，这种文化理性并不是完全脱离于宗教神学的，而是与宗教神学息息相关，即在特定的宗教神学框架下，以新的人文视角对原有的原始崇拜进行批评和重构②。一方面，献祭、占星、卜筮等宗教巫术活动的神圣性和权威性受到了大胆的怀疑。另一方面，

---

① 王晓锋：《礼与中国传统政治体制制度》，陕西人民出版社 2008 年版，第 2 页。
② 普慧：《早期儒家"礼"的宗教思想》，《世界宗教研究》2008 年第 3 期，第 130 页。

由于科学技术的不发达，对于那些超人间的力量始终无法得到合理的解释，那些曾抨击巫术活动的圣贤不得不从理性上对这种超自然神力做出新的思考。交织着怀疑与崇拜的矛盾，为统一各部族的思想，作为"神道设教"的"礼"，逐渐成为人们的一种信仰形态。

先秦时期的礼有如下内容和特征，"礼，所以事神致福也。夫礼也者，天理节文，人事仪则，主敬而行，秩然有序。礼之为用，莫重于祭祀，从示、豊。示，乃神示；豊，其器也。示与祇同，豊，行礼之器也。音礼与丰字不同，一曰吉。礼十有二条，事鬼神示……祭则受福，故谓之吉"，即"礼"是人和鬼神打交道的方式，通过敬奉鬼神，以致福。同时，"礼"也涵盖天地、社会运行规律，奉行"礼"，天地、社会就会井然有序。所以《礼记·祭义》中提出，"天下之礼，致反始也，致鬼神也。致和用也，致义也，致让也。致反始，以厚其本也；致鬼神，以尊上也；致物用，以立民纪也。致义，则上下不悖逆矣。致让，以去争也。合此五者，以治天下之礼也，虽有奇邪，而不治者，则微矣"。"礼"反映的逻辑就是，处理好人与神的关系，再根据人、神关系的原则，推演到自然和社会。

"礼"的宗教特点演绎到生活就形成了礼仪，即礼的仪式化。《周礼》、《仪礼》及《礼记》此"三礼"中，明确的八种礼仪，即冠礼、婚礼、丧礼、祭礼、乡饮礼、燕射礼、聘食礼、朝觐礼（八种礼又归为五类，吉、凶、宾、军、嘉）等。这八种礼仪主要体现的是人和神、人和人之间打交道的方式。但由于周礼的烦琐复杂，自东汉起，随着道教兴起和佛教传入，佛道二教逐渐成为广为流行的民间宗教，社会下层的大众也就采用了佛道二教中的礼仪①。

到宋元明清时期，以朱熹等为代表的新儒家一方面继承了以"周礼"为核心的早期儒家思想，另一方面，也吸取佛道的哲学思想，从

---

① 罗秉祥：《儒礼之宗教意涵》，《兰州大学学报》2008年，第20页。

而使"礼"发展到一个新的高度，而"礼"的宗教仪式特性也同时得到大的发展，并为各阶层的人所接受。

4.3.2 仪式程序及其场所空间要求是"礼"的重要内容

《礼记·祭统》有云，"礼有五经，莫重于祭"，其意为礼有五种类型，即吉礼、凶礼、宾礼、军礼、嘉礼。吉礼是指祭祀天神、地祇、人鬼等的礼仪活动，如郊天、大雩、大享明堂、祭日月等，是五礼中最重要的仪式活动；凶礼主要指丧礼；宾礼为天子款待来朝会的四方诸侯和诸侯派遣使臣向天子问安的仪式；军礼为军事活动方面的仪式；嘉礼为饮宴婚冠、节庆活动方面的礼节仪式。由于这些仪式都具有象征性意义，仪式中的人、器具、器物、服饰、时空、仪节等构成仪式的要素就分别具有各自不同的象征含义，因此这些仪式要素都有相应的要求。其中，祭祀是最为重要的礼，是用于沟通神灵的活动，而神灵世界又是人们的想象世界，最具有文化象征意义和观念性等级差异，需要时间和空间合理的组成才能得以实现，因此对其仪式构成要素要求也最高。

就祭祀的空间而言，由于祭祀的神灵不同，空间地点和形式也不同。在《礼记·月令》中记载，"孟春之月，日在营室，昏参中，旦尾中……天子居青阳左个，乘鸾辂，驾苍龙，载青旗，衣青衣，服青玉，食麦与羊，其器疏以达……立春之日，天子亲率三公、九卿、诸侯、大夫，以迎春於东郊……是月也，天子乃以元日祈谷于上帝。乃择元辰，天子亲载耒耜，措之参于保介之御间，率三公、九卿、诸侯、大夫，躬耕帝籍田。天子三推，三公五推，卿、诸侯、大夫九推。反，执爵于太寝，三公、九卿、诸侯、大夫皆御，命曰'劳酒'"。这段话出现了几个祭祀的时空转换（如表4-10:）

表 4-10   《周礼·月令·孟春》中祭祀仪式的时空转换

时间	空间	器物、服饰	仪节
孟春之月，日在营室，昏参中，旦尾中	青阳左（明堂内青阳堂左室）	乘鸾辂，驾苍龙，载青旗，衣青衣，服青玉，食麦与羊，其器疏以达	祀户（祭祀门户）
立春之日	东郊		迎春
元日元辰	帝籍田	耒耜	祈谷
元日	太寝（帝祖庙）	爵	劳酒

《礼记》中还有一段专门关于祭社的描写，"社，祭土而主阴气也，君南乡于北墉下，荅阴之义也。日用甲，用日之始也。天子大社，必受霜露风雨，以达天地之气也。是故丧国之社屋之，不受天阳也。薄社北牖，使阴明也"，其意思就是指，社坛是祭祀土地神的，以阴气为主神，国君要在北墙下，南向而祭，即面对阴气的意思。时间要在甲日，即日期开始的时候。天子大社要接受霜露风雨从而感受天地之气。已经灭亡的国的社坛要建房遮挡掩盖，使其不见到阳光。《礼记·明堂位第十四》则对明堂有详细的描写，"昔者周公朝诸侯于明堂之位：天子负斧依南乡而立；三公，中阶之前，北面东上；诸侯之位，阼阶之东，西面北上……大庙，天子明堂。库门，天子皋门……"这段话的意思指，天子在明堂会见诸侯，天子背靠屏风南向而立，三公在堂下中阶前，东边的上位，向北而立；诸侯在东阶的东面，面向西，以北为上；伯在西阶的西面，向东而立，以北为上；子在门内东边，向北而立，以东为上；男在门内西边，向北而立，以东为上……由上可见，仪式对空间的方位要求是十分细致的，且形成了一定的标准。而宋元明清时期，随着对礼的推崇，礼的仪式所相关的空间标准变得更加细化。

4.3.3　宋元明清时期的礼教仪式设计思想特点

宋元明清时期的宗教仪式设计思想特点有如下：

（1）礼制祭祀空间是城市中仅次于朝廷的重要空间

在周代，礼制祭祀空间是城市最重要的空间，《周礼·考工记》中"左祖右社，面朝后市"中，"祖"和"社"就在"朝"的前面。宋代，经过了汉唐佛道思想冲击后，礼制祭祀空间的重要性逐渐被"朝廷"所盖，到元代，就有了朝廷、宗庙、社稷、官府、库庾等这样的先后排序，这主要是"君权"演变为"皇权"后，皇权对天上地下一统的需要。尽管为"朝廷"所盖，但礼制祭祀空间在城市空间中的地位仍是极为重要的。从宋元明清祭祀空间控制（详见附表4－1）可见，在整个同时期的有关空间控制典章中其内容是最多也是最细的。到了清朝，甚至还有了专门的图示以规范其空间的标准。这些典章足以证明，统治者对其的重视程度。

对祭祀空间的重视，一方面是源自"君权神授"的意识，通过祭祀可以与"天"、"神"、"祖先"、"先贤"等沟通，从而实现"受命于天"，显示其权力的神性。另外一方面，就是古典礼教仪式的象征性。祭祀能否真的可沟通"天"呢？以古人的经学思维（后章有论述），依照"经"、"典"来做，"诚"则灵。这种仪式的象征性意义，通过"礼制"的不断推行，已经深入人心，而统治者只需通过仪式的举行即完成其"道统"（规范式①）。因此宋朝要求"国家经制，动着于典常"，而元朝作为外来异族，通过实行"礼制"也能为成为中原正统，明朝朱元璋还曾将元帝的灵位供奉于先帝圣贤庙之中作为正统来祭祀（后因蒙元并没有灭完，从而迁出），可见仪式的力量影响之大。古代中国礼制祭祀活动实际就是古人的精神信仰活动，统治了它也就统治了人的精神，因此宋元明清时期的祭祀权利和空间基本是严格管控的，而涉及国家社稷的祭祀权利和空间更是为皇帝所垄断。

（2）礼制空间依据礼仪程序而设计，形成严格的设计标准

专属礼制空间是用于举行仪式的，而仪式由于有着一定的程序，因

---

①　胡伟：《合法性问题研究——政治学研究的新视角》，《政治学研究》1996年第1期。

此古人在设计这些空间的时候充分考虑了其仪式进行程序和空间之间的转换关系，这一点在周代就已有体现。

宋代随着新儒家的兴盛，礼学重新兴起，礼制空间建设和礼教仪式的编排也开始同步进行。对于这些建设，宋代从先秦典籍中寻找标准，另外就是在前朝（唐）的旧迹中寻找样板。如《宋会要》记载，"圣朝自太祖以来，每行郊礼，皆营构青城幄殿，即《周礼》之大次也。又于东壝门外设更衣殿，即《周礼》之小次（篷帐）也"，"宋初，因旧制（唐制），每岁冬至圆丘、正月上辛祈谷、孟夏雩祀、季秋大享，凡四祭昊天上帝，亲祀则并皇地祇位作坛于国城之南熏门外"。到元朝时，统治者继承唐宋之制外更多地采用了周朝礼制空间模式，如《元史·郊祀上》中记载，"圣朝取唐、宋之制，定为九世，遂以旧庙八室而为六世，昭穆不分，父子并坐，不合《礼经》。新庙之制，一十五间，东西二间为夹室，太祖室既居中，则唐、宋之制不可依，惟当以昭穆列之。"

明清时期，一方面就礼制祭祀的对象有了很多发展，如清朝将关帝纳入到中祀，另一方面对于其仪式程序也有相应较多详细的典章文献，这样以保证仪式形式统一。以《清会典》记载的清代最高等级的祭祀礼——祭天礼来看，包括"择吉日"、"题请"、"涤牲"、"省牲"、"演礼"、"斋戒"、"上香"、"视篷豆"、"视牲"、"行礼"、"庆成"等多项仪程。用现代语言来解释就是：确定祭祀日期（清朝规定一般是在每年冬至日大祀天于圆丘），进行仪式准备，将天坛内所有建筑大修，牺牲所察看祭祀用牲畜（现在不用杀掉）准备，在天坛神乐署的正殿凝禧殿演礼，着祭服，备酿、酒、果至太庙请神主，祭祀前三天再在紫禁城内斋宫斋戒，前两天在祝版上写祝文，祭祀前一天皇帝在中和殿阅祝版，并到天坛的皇穹宇上香，圜丘坛看神位，再到神库和神厨视察祭品和牺牲，然后回斋宫继续斋戒，祭天前晚上，太常寺摆好神牌位、供器和祭品，乐部准备好明天奏乐，礼部进行大检查。祭祀日黎明，天子率百官从大清门出，并于日出前七刻到达天坛，然后在帷帐内更换祭衣，由礼官引导天子，从左棂星门（天门，外）进入圜丘，再到拜位，面向西方立于圜丘东南侧，奏起礼乐，演起礼舞，点燃燔柴，皇帝开始上香，然后进行迎神、初献、亚献、终献、答福胙、撤馔、送神、送燎。礼毕，天子由景德中门出，乘礼舆，由仪仗队前导，伴随着礼乐返回宫中。完成祭天这个仪式其空间根据仪式程序进行多次转换（如下表4-8、图4-8）。

表4-11 清代祭天仪式流程与空间转换

	仪式流程	仪式空间	仪式内容
1	择吉日、题请	紫禁城太和殿	确定祭祀日期
2	涤牲、省牲	天坛神厨（牺牲所）	察看祭祀用牲畜
3	演礼	天坛神乐署正殿凝禧殿	祭祀演习
4	斋戒	紫禁城斋宫	斋戒
5	阅祝版	中和殿阅祝版	阅读祝版
6	上香	天坛皇穹宇上香	上香
7	视笾豆	天坛神库	察看祭品
8	视牲	天坛神厨	察看牺牲
9	斋戒	紫禁城斋宫（后在天坛斋宫）	斋戒
10	祭祀	大清门	
11	祭祀	天坛帷帐	更换衣服
12	祭祀	天坛昭亨门、左棂星门	跨入"天门"
13	祭祀	天坛圜丘	祭拜
14	回宫	天坛景德中门	
15		紫禁城	

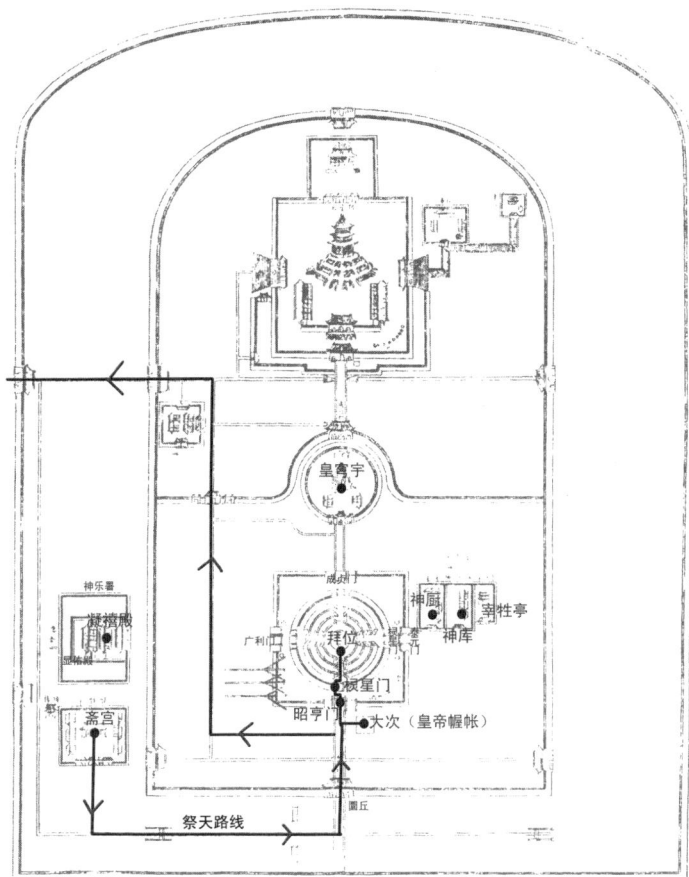

图 4 - 12   天坛祭天仪式空间转换图
（图片来源：根据《清会典》和《清会典图》绘）

与此同时，《清会典图》中还对天坛建筑的细部以及在空间中具体
位次排序也做了详细规定。

表 4－12　清天坛空间控制典章及内容

《大清会典》内容归类	《大清会典图》的图示
布局： 皇穹宇在圜丘后。制圆。 圜丘在正阳门外。制圆。 大享殿在圜丘北。制圆南向。 （大享殿）后为皇乾殿。南向五间。	
功能：国朝改为祈谷於上帝之所。 建筑形制：祈年殿旧制，三覆檐成造，上层青瓦，中层黄瓦，下层绿瓦。今改为祈年殿，瓦片仍用三色。所有殿及大门两庑。均请改用青色琉璃。再圜丘坛内外墙垣。旧制皆覆绿瓦。应均换青色琉璃。圜丘坛青白石。仰覆莲座安螭头成造。皇穹宇单檐式成造。地面用青石铺墁。墙身槛墙用临清城。金柱准照转枝莲油饰。 布局：其东西南北坛门四座。以及祈谷坛门三座。及随门围垣。离坛稍远。仍照旧制。盖覆绿瓦。	
形制：制圆。南向三成层。上层：面径五丈九尺，高九尺。二层：面径九丈。高八尺一寸。三层：面径十有二丈。高八尺一寸。每层面用一九七五阳数。周围栏板及柱、皆青色琉璃。四出陛各九级。白石为之。 内墙：周九十七丈七尺五寸。高八尺一寸。厚二尺七寸五分。四面各三门。楔阈皆制以石。朱扉有楣。门外各石柱二。绿色琉璃燔柴鑪一。瘗坎一。 外墙：方二百四丈八尺五寸，高九尺一寸，厚二尺七寸。	

续表

《大清会典》内容归类	《大清会典图》的图示
方位：方泽在安定门外。 形制：制方。周四十九丈四尺四寸，深八尺六寸。阔六尺。泽中方坛。北向二成。上成方六丈。高六尺。二成方十丈六尺。高六尺。…… 内墙：方二十七丈二尺。高六尺。厚二尺。墙正北三门。石柱六。东西南各一门。石柱二。棂阈皆制以石。朱扉有楣。墙北门外西北隅、瘗坎一。东西门外、南北瘗坎各二。 外墙：方四十二丈。高八尺。厚二尺四寸。门制如前。	

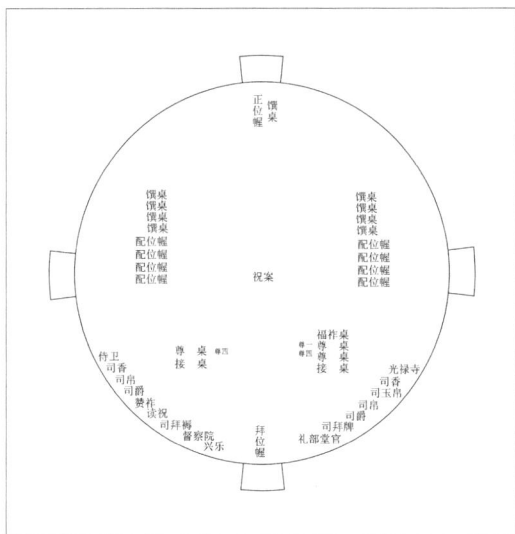

图 4 - 13　天坛圜丘位次图（图片来源：《清会典图》）

从清代祭天礼可以看出，清代的祭祀礼仪已发展到了一个非常完善的高度，形成了一套完整的礼仪程序空间的设计标准。

（3）祭祀对象根据精神统治的需求，等级分明

中国古代礼仪中以祭祀礼仪为重，而祭祀礼仪空间也与现实生活一

样，根据祭祀对象不同而等级分明。《荀子·礼论》"礼有三本：天地者，生之本也；先祖者，类之本也；君师者，治之本也"，于是古代祭祀有了明确的对象以及秩序，以明清为例来看各类祭祀对象（如表4-13）。

表4-13　明清祭祀对象等级典制比较

祭祀级别	明祭祀种类	清祭祀种类
大祀	天（圜丘）、地（方泽）、祖宗（宗庙）、国（社稷）、朝日、夕月、先农（后三种改中祀）	天（圜丘）、地（方泽）、祈谷、祖宗（太庙）、社稷、雩（后加）、孔子（后加）
中祀	太岁、星辰、风云雷雨、岳镇、海渎、山川、历代帝王、先师、旗纛、司中、司命、司民、司禄、寿星	太岁、朝日、夕月、历代帝王、先师、先农、先蚕、关帝、文昌
小祀	诸神，如司户、司灶、中雷（宅神）、司门、司井、司马、泰厉、火雷等等	诸神，基本与明同，共有五十三

注：根据《明史·礼志一》《清会典·礼》归类。

可见，明清时期，天、地、祖宗、社稷基本上是国家明确的大祀对象，根据史料来看，宋元也基本如此。其他则根据各时期统治的需要会有所变化，如清末将孔子也纳入大祀对象。

国家规定的祭祀对象几乎把古人所有精神需求的神圣全部包含，至于其他的非官方认可的对象则一般予以取缔，由此而形成整个社会的精神信仰一统。根据明史记载，明代明确规定皇帝和王公所祀的有太庙、社稷、风云雨雷、封内山川、城隍、旗纛、五祀、厉坛；府州县所祀的有社稷、风云雨雷、山川、厉坛、先师庙及所在帝王陵庙；庶人祭里社、谷神及祖父母、父母和灶神。因此，与祭祀对象的等级相对应，在祭祀主体层级上也有区分，等级越高的神灵就只能由社会高等级的人来祭祀，以此垄断与神沟通的权力。

4.4 世俗实用和形式主义
——宋元明清时期城市设计礼制思想的新倾向

4.4.1 营国制度中的形式主义与实用功能

周朝统一天下之后便将以往的国家制度、社会秩序、人民生活方式、行为标准等进行了一次系统的总结，以此为基础，制定了自己的制度和标准——礼。当时"礼"的思想核心就是宗法和等级，其政治目的就是让统治者的统治地位长久。这样的背景下，使得当时的"礼"作为国家制度、社会秩序、人民生活方式、行为标准有很强的实用功能。但随着社会的发展，特别是一些诸侯国的崛起，打破了以往的政治平衡，"礼"的实用功能逐渐弱化并逐渐演变为一种形式，因此被一些人所抛弃。如齐国宰相管仲，针对"营国制度"中的妨碍其国家发展的内容，提出了更为实用的主张。针对空洞的王城、诸侯城和都城三级城市等级制度，在《乘马》篇提出更为实际的人口规模的观点，"千室之都，万室之国"；针对《周礼·考工记》的"方九里，旁三门……九经九轨"这种古板的城市形制，提出体现实用的"因天材，就地利，城郭不必中规矩，道路不必中准绳"的观点；针对《周礼·考工记》"前朝后市"只为君王服务的布局，在《大匡》和《小匡》中提出发挥城市功能和便于管理的"凡仕者近宫，不仕与耕者近门，工贾近市"，"士农商四民者，国之石民也，不可使杂处，杂处则其言咙，其事乱。是故圣王之处士士必于闲燕，处农必就田野，处工必就官府，处商必就市井"。当然，管仲对于"礼"的改变主要是针对其一些不合时宜的形式内容进行完善，对于"礼"的思想核心——宗法和等级以及其维护统治利益的政治目的并没有改变，因此在《度地》篇中，他也继承了"营国制度"居中的设计手法，认为"天子择中而处。此谓因天之固，归地之利。内之为城，城外为之郭"。从此看来，周朝的"营国制度"在春秋战国时期已有重形式和重实用的几种倾向。

到西汉时期，为加强统治，汉武帝"罢黜百家，独尊儒术"，以"礼"为核心的儒家成为当时的正统思想，"礼制"中的营国制度自然而然逐渐成为城市营建的指导思想。以当时的《三辅黄图》内容来看，汉代对周朝的营国制度特别是礼制建筑的内容非常关注，并求形式上的一致，以形式的一致来达成其政治的合理性，至于功能使用上并没有过多深究。

宋元明清时期，儒家思想遭受了佛道思想的冲击之后，以朱熹等为代表的新儒家对汉儒家有选择的进行了扬弃，重新审视周礼，并吸收了佛道的哲学思想对原有的儒家思想进一步完善，从而使儒家思想更为实用。这也深刻的影响了宋元明清时期的城市设计礼制思想。

4.4.2　宋元明清时期城市设计礼制思想的实用和形式化倾向

宋元明清时期，随着新儒家的崛起，"礼制"也重新被各朝代的统治者们所重视。受新儒家"理学"的影响，"穷经将以致用也"，对于城市设计礼制思想来说，其功能的侧重性得到很好的释放。

（1）民众的世俗生活空间和景观环境设计向实用化转化

行伍出身的宋太祖自"杯酒释兵权"后，面对北方强悍异邦的存在，国家权威未立，不得不想方设法凸显其自身国家的合法，以示其权力的合理。此时，可证明其权力"奉天承运"的礼制自然成为其恢复和重建的首要任务。然而，时过境迁，在周代背景下制定出来的"礼"已无法满足经济、社会、文化都已很大改变的宋，周代的"礼制"面临着选择。从史书所载，"帝（太祖）入太庙，见其所陈笾豆簠簋，问曰：'此何等物也？'左右以礼器对。帝曰：'吾祖宗宁识此！'亟命撤去，进常膳如平生"①，可见宋初时期，宋太祖并不是一味盲从"礼制"所说，而是有着自己的判断。他更看重的是实用，"礼"只是他用于强化国家权威和维护社会秩序的工具而已，旧制的变与不变，只是基于实用效果而言。

基于实际使用效果的评判，城市设计礼制思想在对待城市空间功能上，容许了街坊空间的产生。里坊制的崩溃纵使有各种原因，但对于新产生的街坊空间，如果有违"君权至上"的法则时，那是断然不容许的。在不违背"君权至上"、"等级分明"等法则基础之上，礼制城市设计思想容许了街道空间的产生，当然这主要还是一种妥协。街道空间纵使产生，但"礼制"的核心思想一直得以继承。如宋代街道性质划分中，专门留有皇帝通行的"御路"，作为皇帝外出巡视、祭祀的出行道路和群臣入朝面圣的交通要道。另外，从"天街"的断面（图 4 - 12）也可以看出，宽阔的御道并不是给平民百姓走的，黑杈子之外才是平民出行道路之所在，皇权的尊贵和等级的森严并没有因坊墙的倒塌而减弱。

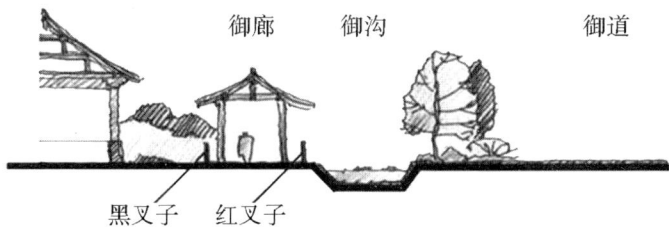

图 4 - 14 宋御街断面图
（图片来源：邓烨《北宋东京城市空间形态研究》）

---

① （清）毕沅：《续资治通鉴·卷五》，线装书局 2009 年版。

杈子做法 1	杈子做法 2

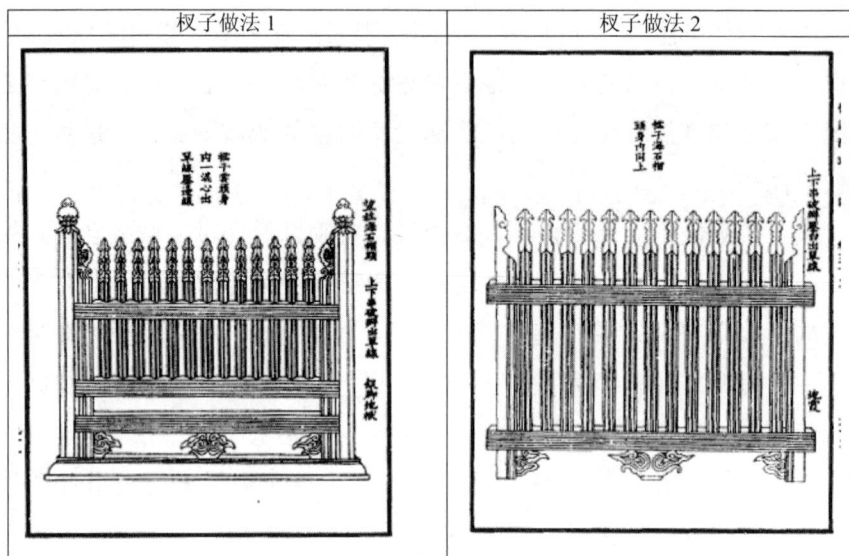

图 4 - 15　御街的杈子做法标准（图片来源：《营造法式》）

宋代之前城市内的道路作为通行的空间主要满足城市交通的功能，其道路要求八方通达，宽窄适中，人货物出入方便。早在西周时，为保证道路的通行效率，道路就采用端直形，且对道路的数量宽度提出要求。根据《周礼·考工记》，都城要求"九经九纬"、"经途九轨"。都城道路多采用棋盘式端直设计，道路既是城内交通和城外联系的必由之路，也是选择中轴线和分割不同功能区的界线。除通行外，在实际设计中道路还需从军事防御角度出发，满足军事防守要求，如丁字路口的设置，就可以避免敌军进入城内后，兵力、车马不能直通，便于回击。隋唐时，城市经过完整的规划设计形成宏伟严整的方格网道路系统，城市布局非常严整，道路系

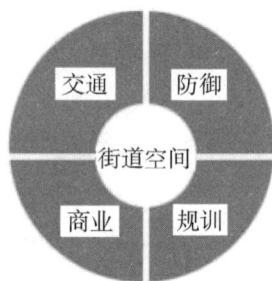

图 4 - 14　宋以后街道功能组合示意

统主次分明，特别强调了道路的轴线作用，道路宽度大大超过了交通的需要，为皇帝的"御街"，是一种典型的权力炫耀。综合以上几点，宋以前，城市道路的主要功能为：交通、防御、规训（礼制的规训）。宋以后，商业发展带来了里坊的崩溃和商业街道的形成，呈现全城皆市的局面，道路功能也相应变化，更多的向城市居民开放，这时的道才真正成为街道，有了民众公共空间的含义。

除街道空间向世俗商业转化外，宋元明清时期的城市设计礼制思想在对待其它世俗宗教建筑空间也是一种实用融合的态度。汉唐时期，佛、道教的兴起打破了《周礼》原有的"君权神授"的"神"的体系，也打破了古代精神信仰世界的平衡。于是，各朝各代开始在信仰世界寻找新的平衡点。宋代，务实的统治者认识到，"道释二门有助世教人，或偏见往往毁誉，假使僧道辈，时有不检安，可即废也"①。由此，政府专门设立了僧道官，并分别由鸿胪寺进行管理，从管理上进一步强化了对释道等宗教信仰的统治。同时，佛道寺院空间也纳入国家管理和引导控制，据《册府龟元·帝王部·都邑》记载，"诸道府州县镇村坊应有敕额寺院，一切仍旧，其无敕额者，并仰停废。所有功德佛像及僧尼，并腾并于合留寺院内安置。天下诸县城郭内，若无敕额寺院，祇于合停废寺院内，选功德屋宇最多者，或寺院僧尼各留一所。若无尼住，祇留僧寺院一所……今后并不得创造寺院兰若"。在统治者的管理和引导下，北宋都城东京成了当时国家的宗教文化中心，并修建有专门的皇家寺观，如相国寺、太一宫，宋太宗皇帝还亲祀太一宫。明清时期，将佛道神明纳入礼制体系得到进一步加强，在明清时期指定的祭祀中，一些佛道神明成了礼的祭祀对象。如明代《诸司职掌·合祀神祇》规定的其他诸祭中，佛教的道林真觉普济禅师和道教的北极真武都被列为在京十一庙的小祀对象。城市设计礼制思想与其他宗教适度融合的结果就

---

① （清）徐松：《宋会要辑稿》，中华书局 1957 年版。

是，一方面佛、道宗教空间同样要屈从于"君权"，同样有等级差别（皇帝指定皇家寺院道观等级最高），布局沿用了礼制空间布局模式，如中轴对称、秩序感强等，另外一方面，佛、道教的竖向空间设计手法也影响了城市设计礼制思想，城市中寺塔的耸立即是明证，但从宋元明清时期的城市绘画以及古城图分析来看，此时期对宗教的控制，城市空间并没出现南北朝时期塔寺林立的局面。尽管如此，城市中有超过皇权空间的寺塔耸立，这在周代城市中是完全不可想象的事情。

（2）祭祀空间和景观环境的礼制设计思想进一步加强

宋元明清时期，与城市民众世俗生活密切相关的空间，其城市设计礼制思想有明显世俗实用趋向，但国家层面的精神空间和管理空间，其形式化设计思想被不断强化。这种强化与宋明新儒家思想在国家中的政治地位不断提升基本是同步的。

宋明新儒家思想的代表——理学，尽管有心学和理学的流派之分，但他们的哲学基础都是唯心主义的佛老传统，他们的学说核心都是以"礼"为核的儒学传统，都是维护宗法专制的纲常名教的有力工具。因此，李泽厚在《中国古代思想史论》中提到，"宋明理学无论是本体论，还是认识论，实际上都是服务于建立这个伦理主体"①。而基于唯心主义的认识论，新儒家都是极为推崇周代的礼仪。宋代大儒朱熹编辑了《仪礼经传通解》，对《三礼》及其历代注释进行了总结，对于丧、祭礼等礼仪形式更是做了详细的说明。以朱熹的观点，"礼谓之天理之节文者，盖天下皆有当然之理，但此理无形无影，故作此礼文画出一个天理与人看，教有规矩，可以凭据，故谓之天理之节文"②。既然是天理节文，履行起来不可不尽心，繁文缛节的形式只是象征着仪式的神圣性。因此，从宋元明清时期的有关国家精神生活空间（祭祀空间）和国家管理空间的控制典章内容来看（详见附表4－1），其形式特点不断

---

① 李泽厚：《中国古代思想史论》，三联书店 2008 年版。
② 罗秉祥：《儒礼之宗教意涵》，《兰州大学学报》2008 年第 2 期。

加强。宋元时期空间控制的重点多在尺度、方位等内容上，而明清时期控制的内容增加了大量的材质、色彩、装饰等内容。其形式化的倾向不断强化。

（3）按城市设计礼制思想设计的城市新空间（教化空间）

宋朝统治者为重塑国家权威和恢复社会秩序，一方面着手于对"礼制"本身的恢复，另外一方面，则着手于教育体系的建立，使"礼制"得以推广。此番努力下，形成了以"礼"为核心的经学知识体系（北宋时期为《易经》、《尚书》、《诗经》、《周礼》、《仪礼》、《礼记》、《左传》、《公羊传》、《谷梁传》为九经，南宋以后则以经、传、记、训诂为十三经，相当于指定教材），同时也带动了讲习经学的国、州、县各级官学（学校）以及私人书院在城市中的兴起（最早的官学产生于汉，但并没有在州、县城大规模普及，也没有专门形制）。因此，宋代官学和书院等教化类空间在城市中普遍出现（书院最早产生于唐代，但主要功能是皇室编校、典藏图书，与宋以后突出教学有明显区别）代表一种普遍存在的新兴城市空间类型的产生（宋代以来的学宫、书院承担着教化、教育、礼仪、科举等重要的社会功能，其作用和影响力远不是唐代所能比拟）。从此空间产生的本意来看，其主要目的还是在于传播"礼"，为"礼"服务，实质仍是维护统治者统治的工具。一旦在此空间里存在威胁到统治者的异类言论，立即就会遭受统治者严厉打压，如《明会典本传》记载，东林党常在讲习之余，讽议朝政，裁量人物，"五年（天启）八月壬午，诏毁天下书院。东林、关中、江右、徽州各书院俱行拆毁。"在这样的控制下，教化空间的设计自然而然采用了城市设计礼制思想。

以官学（一般称为孔庙学宫）的布局来看，其格局多采用"庙学合一"的形式，或左庙右学，或左学右庙。学宫部分有儒学门、仪门、明伦堂、尊经阁（藏书楼）、学舍等建筑，一般沿着一条南北向的中轴依次布置，明伦堂居中，其左右设东厢和西厢，其后为尊经阁（藏书楼），前设儒学门和仪门。规模较大的学宫，还建有学生住宿的斋舍、教育管理的儒学署、教谕廨（一般和儒学署合在一起，相当现在的教委主任办公室）、教师办公的教授厅、祭祀用的敬一亭（也有作为办公的）、放置卫生用具的洒扫公所、会馔堂（食堂）、库房、彰显礼仪的射圃亭（孔子所云，射以观德）等建筑。另外，由于学宫是"礼"的传播场所，而"礼"以祭祀为重，学生常要学习、演练祭祀礼仪，因此一些祭祀的建筑也建在学宫之内，如文昌祠、忠义孝悌祠、节孝祠、魁星阁（祭祀主管文运、文章的文昌帝君，倍受学子所推崇，其高度和标准在学宫中很高）等。所有学宫建筑中，明伦堂是讲学的场所，也是学宫的最主要建筑，其形式采用了礼制设计思想，等级分明。在明代，根据地方行政级别的高低，其所属学的明伦堂分七间、五间、三间不等，国学（国子监）的明伦堂（明清称为彝论堂）为七间，府州县学明伦堂一般为五间或三间不等，县学的明伦堂为三间。另外，在建筑装饰以及屋顶形式等方面也有等级的差别。

孔庙部分是祭祀孔子的场所，属于古代教育的"德育"部分。学宫主要用以传播官学知识，而孔庙则将祭祀作为一种规范的展礼、学礼活动，以"示范"的形式进行教育。唐以前的地方学庙主要是祭祀周公，孔子为配祀，到唐贞观年间，停祀周公专祀孔子，祭祀日为每年春秋二季仲月上丁日。宋代将祭祀孔子列为中祀（有时皇帝会亲自主祭），到清代光绪时才明文规定为大祀。中祀一般为地方最高官员主祭，大祀一般为皇帝主祭。宋元明清时，作为中祀的孔庙其主要建筑有大成殿（唐代为文宣王殿）、戟门、棂星门、崇圣祠、敬一亭等，其布局为南北中轴对称式，大成殿居中，其北为崇圣祠（奉祀孔子祖先以示孝），其前有月台（拜祭时演奏乐舞及行礼之用），左右为东西厢房，前为戟门（又名大成门），门两旁多为名宦祠和乡贤祠，再其前为棂星门（以"主得士之庆"的棂星命名）、照壁和泮池，大成殿（如图4-15）。

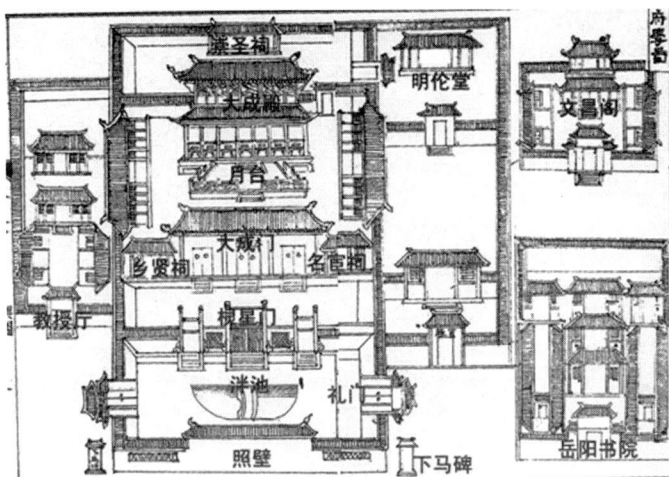

图 4 – 15　巴陵府学图（图片来源：《巴陵府志》）

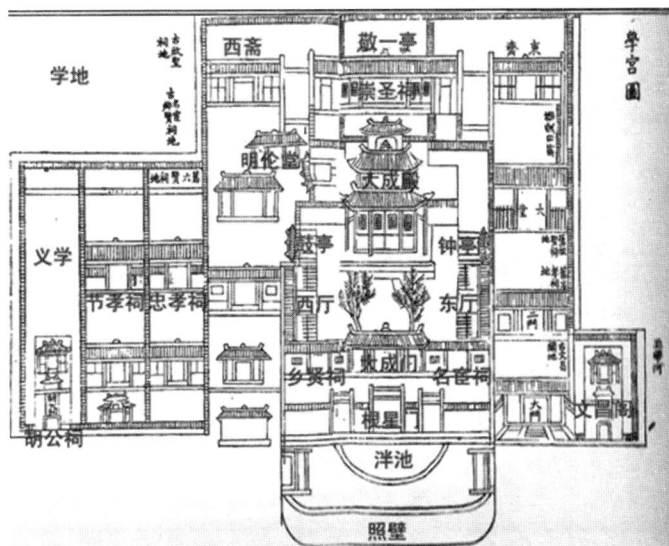

图 4 – 16　益阳学图（图片来源：《益阳县志》）

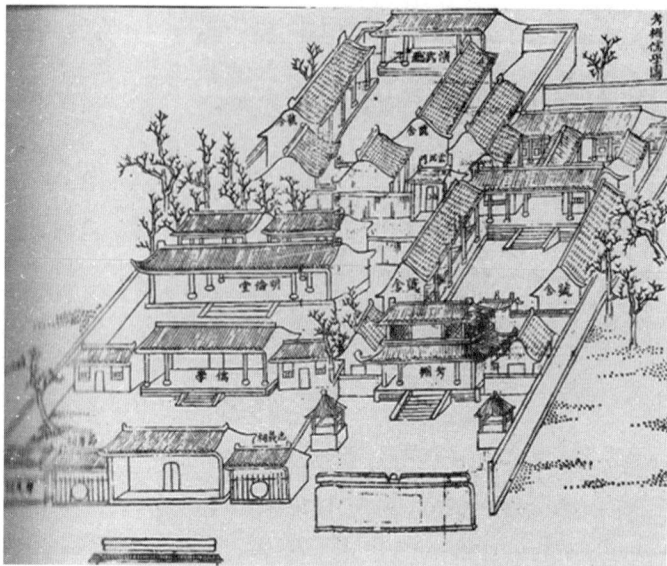

图4-17 湘阴县学宫及考棚图（图片来源：《湘阴县志》）

从明清时期地方志所存图来看，地方孔庙学宫在明清时期，其布局基本已经有固定的形制，形制所表达出来的空间设计思想还是礼制的设计思想，即空间主体凸显"君权"（大成殿承载的是帝王推崇的神灵，由周公变为孔子，由中祀升为大祀全靠帝王的许可，显示了君权对文化权的控制），空间内部贵贱尊卑等级明确、通过南北轴线将仪式空间组织起来形成仪式流程。

附表4-1 宋元明清城市整体空间控制典章及内容

朝代	涉及内容	典章
宋	"国家经制，动着于典常；殿阈规模，上符于天象。缅维列祖，尝幸旧都，修宫阙以未成，正名称而靡暇"	宋会要辑稿/方域一
	曰审度者，本起于黄钟之律以秬黍中者度之，九十黍为黄钟之长，而分、寸、尺、丈、引之制生焉。宋既平定四方，凡新邦悉颁度量于其境，其伪俗尺度逾于法制者去之。乾德中，又禁民间造者。由是尺度之制尽复古焉。	宋史/志第二十一律历一
	都城因旧，制度未恢，诸卫军营，或多窄隘，百司公署，无处兴修。加以坊市之中，邸店有限，工商外至，亿兆无穷，僦赁之资，添增不定，贫阙之户，供办实艰。而又屋宇交连，街衢湫隘，入夏有暑湿之苦，居常多烟火之忧。将便公私，须广都邑。宜令所司于京城四面别筑罗城，先立标帜，候将来冬末春初，农务闲时，即量差近甸人夫，渐次修筑。春作才动，便令放散。如或土功未毕，则逦迤次年修筑，所冀宽容办集。今后凡有营葬，及兴置宅灶并草市，并须去标帜七里外。基标帜内，侯官中擘画定街巷军营仓场诸司公廨院务了，百姓即任营造。	册府龟元/帝王部都邑
元	元太祖起自朔土，统有其众，部落野处，非有城郭之制，国俗淳厚，非有庶事之繁，惟以万户统军旅，以断事官治政刑，任用者不过一二亲贵重臣耳。及取中原，太宗始立十路宣课司，选儒术用之。金人来归，因其故官，若行省，若元帅，则以行省、元帅授之。草创之初，固未暇为经久之规矣。 世祖即位，登用老成，大新制作，立朝仪，造都邑，遂命刘秉忠、许衡酌古今之宜，定内外之官。	元史/百官一
	天师宫在艮位鬼户上。其内外城制与宫室、公府，并系圣裁，舆刘秉忠率按地理经纬，以壬气为主。故能匡辅帝业，恢图丕基，乃不易之成规，衍无疆之运祚。	析津志辑佚
明	凡王国宫城外，立宗庙、社稷等坛。宗庙，立于王宫门左，与朝廷太庙位置同。社稷，立于王宫门右，与朝廷太社位置同，风云雷雨山川神坛，立于社稷坛西。旗纛庙，立于风、云、雷雨山川坛西，司旗者致祭。	祖训录/礼仪
清	禁令 ○雍正十二年议准。京师重地。房舍屋庐。自应联络整齐。方足壮观瞻而资防范。嗣后旗民等房屋完整坚固。不得无端拆卖。	大清会典

附表 4-2　宋元明清宫殿空间和环境控制典章及内容

朝代	涉及内容	典章
	太庙及宫殿皆四阿（庑殿顶），施鸱尾。社门、观、寺、神祠亦如之，其宫内及京城诸门、外州正衙门等，并施鸱尾，自外不合。	天圣令/营缮令
宋	汴宋之制，侈而不可以训。中兴，服御惟务简省，宫殿尤朴。皇帝之居曰殿，总曰大内，又曰南内，本杭州治也……紫宸殿，遇朔受朝则御焉；文德殿，降赦则御焉；集英殿，临轩策士则御焉；大庆殿，行册礼则御焉；讲武殿，阅武则御焉。其实垂拱、崇政二殿，权更其名号而已。二殿虽曰大殿，其修广仅如大郡之设厅。淳熙再修，止循其旧。每殿为屋五间，十二架，修六丈，广八丈四尺。殿南檐屋三间，修一丈五尺，广亦如之。两朵殿各二间，东西廊各二十间，南廊九间。其中为殿门，三间六架，修三丈，广四丈六尺。殿后拥舍七间，即为延和，其制尤卑，陛阶一级，小如常人所居而已。	宋史/志第/地理一
元	史官虞集曰：虽然，紫宫著乎玄象，得无栋宇有等差之辨。而茅茨之简，又乌足以重威于四海乎？集佐修经世大典，将作所疏宫阙制度为详。于是知大有径庭于古也。方今幅员之广，户口之夥，贡税之富，当倍秦汉而参隋唐也。顾力有可为而莫为，则其所乐不在于斯也。孔子曰："禹，吾无间然矣，卑宫室而尽力乎沟洫。"重于此则轻于彼，理固然矣。	辍耕录/二十一卷宫阙制度
明	凡诸王宫室，并依已定格式起盖，不许犯分。燕因元之旧有。若王子、王孙繁盛，小院宫室，任从起盖。秦王府……凡诸王宫室，并不许有离宫、别殿及台榭游玩去处。虽是朝廷嗣君掌管天下事物者，其离宫、别殿、台榭游玩去处，更不许造。	祖训录/营缮
清	宫禁之制　保和殿后正中南向者为乾清门，广宇五楹，中门三陛三出，各九级，周以石栏。门前列金狮二，门之东为内左，门之西为内右，门皆南向……（以下略）	大清会典/工部
	外朝之制　正阳门之内为大清门。门三阙。上为飞檐崇脊。门前地方。绕以石阑。广数百步为天街。俗名棋盘街。左右石狮各一。下马石牌各一。门内东西相向千步廊各一百一十间。又左右折而北向者各三十四间。廊皆联檐通脊。凡吏兵二部月选官掣籤。礼部乡会试磨勘。刑部秋审。俱集于此。其外东为户部米仓。西为工部木仓。其左折而北者。东接长安左门。其右折而北者。西接长安右门。门各三阙。东西向。门外下马石牌各一。东西各围以红墙。设三座门。长安门内正中南向者为天安门。是为皇城正门。门五阙。上覆重楼九楹。彤扉三十六。初仍明旧曰承天门……（以下略）	
	工程做法建造房屋　九檩单檐庑殿周围廊安装斗科大木式。面阔进深。以斗科攒数而定。每攒以斗口十一分定宽。每斗口一寸。随身加一尺一寸。为十一分。面阔按平身斗科攒数。加两边柱头科各半攒。共得面阔丈尺。如次间收分一攒。或梢间再收一攒。临期酌定。按平身斗科攒数。加两边柱头科各半攒。共得廊子面阔尺寸。如进深每山分间。各按平身斗科攒数。	

附表4-3 宋元明清城市整体空间控制典章及内容

朝代	涉及内容	典章
宋	"私居，执政、亲王曰府，余官曰宅，庶民曰家。"	宋史/志第/舆服六
	"诸道府公门得施戟，若私门则爵位穷显经恩赐者，许之。在内官不设，亦避君也。"	
	诸王公以下，舍屋不得施重栱、藻井。三品以上不得过九架，五品以上不得过七架，并厅厦两头。六品以下不得过五架。其门舍，三品以上不得过五架三间，五品以上不得过三间两厦，六品以下及庶人不得过一间两厦。五品以上仍连作乌头大门，祖，父舍宅及门，子孙虽荫尽，仍听依旧居住。	天圣令/营缮令
	诸公私第宅，皆不得起楼阁，临视人家。	宋会要辑稿/方域四/官廨
	今后诸处官员廨宇不得种植蔬菜出卖，祇许供家食用。	
	临安府具到修盖环卫官宅子图，内三十间盖二位，以待正任观察使以上；二十间盖四位，以待正任防御使、遥郡观察使以上；一十七间盖四位，以待余环卫官。不得别官指占。	
元	至元四年，岁在丁卯，以正月丁未之吉，始城大都，立朝廷、宗庙、社稷、官府、库庾，以居兆民，辨方正位，井井有序，以为子孙万世帝王之业	大都城隍庙碑
	随处廊宇：尚书右三部呈奉到都堂钦旨送本部拟定，随路、府、州、司、县合设廊宇间座数目。总府廨宇：（一有廨宇，不须起盖，有损坏处计料修补）正厅一座，五间，七檩，六椽；司房东西各五间，五檩，六椽；门楼一座，三檩，两椽。州廨宇：正厅一座，五檩，四椽（并两耳房各一间）；司房东西各三间，三檩，两椽。县廨宇：厅无耳房，余同州	元典章/工部/公廨

续表

朝代	涉及内容	典章
明	公侯前厅七间或五间，两厦，九架造……一品、二品厅堂，五间九架，屋脊许用瓦兽、梁栋、斗拱、檐角青碧绘饰；门屋三间五架，门用绿油及兽面，摆锡环。三品至五品厅堂，五间七架，屋脊许用瓦兽，梁栋。檐角、青碧绘饰；正门三间三架，门用黑油，摆锡环。六品至九品厅堂，三间七架，梁栋止用土黄刷饰；正门一间三架，黑门，铁环。以上品官房舍，除正厅堂外，其余房舍许从宜盖造，但比正屋制度务要减小，不许太过；其门窗户牖并不许用朱红油漆。	仪礼定式
	凡右司官吏不住公廨内官房，而住街市民房者，杖八十。若埋没公用器物者，以毁失官物论。	大明律/工律一
	钦定公廨制：公廨三间，耳房左右各二；府州县外墙高一丈五尺，府治深七十五丈，阔五十丈，州县递减之。公廨后房屋，正即官居之，左右，佐贰首领官居之。公廨东另盖分司一所，监察御史按察司居之。公廨西一所，使客居之。	大明律
	在京功臣宅舍地势宽者，住宅后许留空地十丈。左右边，各许留空地五丈。若见住旧居所在、地势窄隘，止仍旧居，不许那移军民以留空地……如果其家人口众多，难以居住，可令子孙赴官告给园地，另于城外量拨。	稽古定制
清	凡各府州县有司官吏不住公廨内官房而住街市民房者杖八十	大清律/营造
	又定公侯以下官民房屋，台阶高一尺，梁栋许画五彩杂花，柱为素油，门用墨饰。官员住屋，中梁贴金，二品以上官员，正房得立望兽，余下不得擅用。十八年题准，公侯以下，三品官以下房屋，台阶高两尺，四品官以下至士民房屋，台阶高一尺。	大清律/仪制
	职官一品、二品，厅房七间九架，屋脊许用花样兽吻，梁栋斗拱、檐桷彩色绘饰；正门三间五架，门用绿油，兽面铜环。三品至五品，厅房五间七架，许用兽吻，梁栋斗拱、檐桷青碧绘饰；正门三间三架，门用黑油，兽面摆锡环。六品至九品，厅房三间七架，梁栋止用土黄刷饰；正门一间三架，门用黑油，铁环。庶民所居堂舍不过三间五架，不用斗拱彩色雕饰。	
	各省文武官皆设衙署，其制，治事之所为大堂、二堂；外为大门、仪门，大门之外为辕门；宴息之所为内室，为群室；吏攒办事之所为科房。官大者规制具备，官小者依次而减。"	大清会典/工部

附表 4-4 宋元明清大祀空间和环境控制典章及内容

朝代	大祀空间控制涉及内容	典章
宋	本朝都城坛壝之制，风师在城之西，雨师在城之北，雷师从雨师之位，为二坛，同壝。州县风师在社之东，雨师在雷师之西，非所谓各依其方，类求神者，请仿都城方位之制，仍以雷师从雨师之位，为二坛同壝。	宋会要辑稿/礼二/郊祀坛殿大小次
	今来圆坛依仿旧制及郊祀所设神位，铺设祭器、登歌乐架、酒尊、前导路，及皇帝饮福位等，共合用第一成纵横七丈，第二成纵广一十二丈，第三成纵广一十七丈，第四成纵广二十二丈。分一十二陛，每陛七十二级。……	
	宋初，因旧制，每岁冬至圆丘、正月上辛祈谷、孟夏雩祀、季秋大享，凡四祭昊天上帝，亲祀则并皇地祇位作坛于国城之南熏门外。	
	方丘之制，八角三成，每等高四尺，上阔十六步。设八陛，上等陛广八尺，中等陛广一丈，下等陛广一丈二尺。为三重壝，量地之宜，四面开门。为瘗坎于坛之壬地、外壝之内，方深取足容物。……	
	圣朝自太祖以来，每行郊礼，皆营构青城幄殿，即《周礼》之大次也。又于东壝门外设更衣殿，即《周礼》之小次（篷帐）也。	
	"相视圆坛地步，今于龙华寺西空地，得东西长一百二十步，南北长一百八十步，修筑圆坛。除坛与内壝丈尺依制度用九十步外，其中壝、外壝欲乞随地之宜，用二十五步，分作两壝，外有四十步。若依前项地步修筑，其兵部车辂、仪仗，殿前司禁卫，皆可以排列。兼修建青城并望祭殿，委是可以图备。"	
元	至元十二年十二月，以受尊号，遣使豫告天地，下太常检讨唐、宋、金旧仪，于国阳丽正门东南七里建祭台，设昊天上帝、皇地祇位二，行一献礼。	元史/郊祀上
	按《周礼》，坛壝三成，近代增外四成，以广天文从祀之位。集议曰："依《周礼》三成之制。然《周礼》疏云每成一尺，不见纵广之度。恐坛上狭隘，器物难容，拟四成制内减去一成，以合阳奇之数。每成高八尺一寸，以合乾之九九。上成纵广五丈，中成纵广十丈，下成纵广十五丈。四陛，陛十有二级。外设二壝，内壝去坛二十五步，外壝去内壝五十四步，壝各四门。坛设于丙巳之地，以就阳位"按古者，亲祀冕无旒，服大裘而加衮。臣下从祀，冠服历代所尚，其制不同。	

朝代	大祀空间控制涉及内容	典章
元	按方丘之礼，夏以五月，商以六月，周以夏至，其丘在国之北。…。其方坛之制，汉去都城四里，为坛四陛。唐去宫城北十四里，为方坛八角三成，每成高四尺，上阔十六步，设陛。上等陛广八尺，中等陛一丈，下等陛广一丈二尺。宋至徽宗始定为再成。历代制虽不同，然无出于三成之式。今拟取坤数用六之义，去都城北六里，于壬地选择善地，于中为方坛，三成四陛，外为三壝。仍依古制，自外壝之外，治四面稍令低下，以应泽中之制。宫室、墙围、器皿色，并用黄。其再成八角八陛，非古制，难用。	元史/郊祀上
	周制，天子七庙，三昭三穆，昭处于东，穆处于西，所以别父子亲疏之序，而使不乱也。圣朝取唐、宋之制，定为九世，遂以旧庙八室而为六世，昭穆不分，父子并坐，不合《礼经》。新庙之制，一十五间，东西二间为夹室，太祖室既居中，则唐、宋之制不可依，惟当以昭穆列之。父为昭，子为穆，则睿宗当居太祖之东，为昭之第一世，世祖居西，为穆之第一世。裕宗居东，为昭之第二世。兄弟共为一世，则成宗、顺宗、显宗三室皆当居西，为穆之第二世。武宗、仁宗二室皆当居东，为昭之第三世。英宗居西，为穆之第三世。昭之后居左，穆之后居右，西以左为上，东以右为上也。苟或如此，则昭穆分明，秩然有序，不违《礼经》，可为万世法。	
	国家虽曰以右为尊，然古人所尚，或左或右，初无定制。古人右社稷而左宗庙，国家宗庙亦居东方。岂有建宗庙之方位既依《礼经》，而宗庙之昭穆反不应《礼经》乎？……	
国家祭祀空间	庙制：至元十七年，新作于大都。前庙后寝。……	元史/郊祀上
	太社太稷主：七年至元七年十二月，有诏岁祀太社太稷。三十年正月，始用御史中丞崔彧言，于和义门内少南，得地四十亩，为壝垣，近南为二坛，坛高五丈，方广如之。社东稷西，相去约五丈。	
明　祭天地	坛制　东西二丈五尺，南北二丈五尺，高三尺。（官造尺）。四出陛各三级，坛下前十二丈，或九丈五尺，东西南各五丈，缭以周墙，四门红油，由北门入。石主长二尺五寸，方一尺，埋于坛南正中，去坛二尺五寸，止露圆尖，余埋土中。	洪武礼制
	社稷　府州县同（房屋　神厨三间，用过梁通连。库房间架与神厨同。宰牲房三间。里社　凡各处乡村人民，每里一百户内立坛一所，祀五十五谷之神。）	洪武礼制

朝代		大祀空间控制涉及内容	典章
明	祭天地	社稷 吴元年八月癸丑，建社稷坛于宫城西南，北向，异坛同？（王圻《续通考》）十二月己丑，颁社稷坛制于天下。郡邑皆建于本城西北，右社、左稷。祭用春、秋二仲月上戊日。（《礼志》。）三年，于社稷坛北建享殿，又北建拜殿五间，以备风雨。（《通典》）	明会典
		圜丘 五月，建斋宫于圜丘之西、方丘之东。《实录》。世宗以旧存斋宫在圜丘北，是踞视圜丘也，欲改建于丘之东南。夏言言："更起斋宫于圜丘之旁，似于古人扫地之义，未为允协。且秦、汉以来，并无营室者，正谓质诚尊天，不自崇树，以明谦恭肃敬之旨，故惟'大次'之设，为合古典。愿寝其议。"报闻。《春明梦馀录》。	明会典/礼一吉礼斋戒
		圜丘 十一月甲午，太祖初观圜丘，顾谓起居注熊鼎等曰："此与古制合否？"对曰："小异。"帝曰："古人于郊，埽地而祭，器用陶匏，以示俭朴。周有明堂，其礼始备。今予创立斯坛，虽不必尽合古制，然一念事天之诚，不敢顷刻少怠。"《大训记》	明会典/礼二吉礼亲祀北郊
		明堂 明初，无明堂祀上帝及配位之制。嘉靖十七年，前扬州府同知丰坊上言："孝莫大于严父，严父莫大于配天。宜建明堂，尊皇考为'宗'，以配上帝。"下礼部会议。尚书严嵩言："明堂、圜丘皆所以事天。今大祀殿在圜丘之北、禁城东南，正应古之方位。明堂秋飨之礼，即此可行，不必更建。至侑飨之礼，昔周公宗祀文王于明堂，传以为万物成形于秋，故秋祀明堂，以父配之，取其成物之时也。自汉武迄唐、宋诸君，莫不皆然，主亲亲也。至钱公辅、司马光等之议，则主于祖宗之功德。今以功德论，则宜配文皇；以亲亲论，则宜配献皇。至称'宗'之礼，则未有称'宗'而不太 庙者，臣等不敢妄议。"	明会典/礼三吉礼
	祭祀祖先	宗庙 吴元年九月甲戌朔，太庙成。四世祖各为一庙：中德祖、东懿祖、次仁祖、西熙祖、皆南向。每庙：东西有夹室，帝两庑、三门、门设二十四戟，缭以周垣，如都宫之制。（《吾学编》）八年七月辛酉，改建太庙。前正殿，后寝殿，殿翼皆有两庑。寝殿九间，间一室，奉藏神主，为同堂异室之制。中室奉德祖，东一室奉懿祖，西一室奉熙祖，东二室奉仁祖，皆南向。建文即位，奉太祖神主 庙。正殿：神座次熙祖，东向。寝殿：神主居西二室，南向。（已上《礼志》）永乐十八年，建庙北京，如南京之制。前正殿九间，翼以两庑。后寝殿九间，间一室，皆南。（《春明梦余录》。）十九年正月甲子朔，奉安五庙神主于太庙。（《本纪》）二十二年十月壬戌，上以旧庙基隘，命相度规制。议三上，不报。久之，乃命复同堂异室之制。	明会典

续表

朝代	大祀空间控制涉及内容	典章
	装饰：堂子殿前月台、并升舆降舆处毯照旧铺设。其甬道上毯及门洞毯、并踏跺木。应请裁撤。以上各处。如遇雨雪。所有各绪路甬路毯及门洞毯、并踏跺木。临期仍照例预备。再嗣后恭逢皇帝各处拜庙。并临瀛台等处。经由各门台阶踏跺毯，如遇雨雪，照例铺设。 （注：堂子乃满族特有祭祀）	
	方位：太庙在阙左。南向。 形制：围垣一重。琉璃门三间。左右门各一。戟门五间。 崇基石栏……门内外列戟百有二十。左右门各三间。前后均一出陛各五级。前殿十有一间……东西庑各十有五间……中殿九间，后殿九间。两庑各十间。后殿东庑南燎炉一。 石桥五…… 井亭二…… 神库……神厨。 奉祠署三间。东向……	
	方位：（景）山后为寿皇殿，旧在景山东北。乾隆年间。移建于山北正中。 功能：恭奉列祖列后圣容。 形制：殿门外正中南向宝坊一。左右宝坊各一。北为?城。门三。门前列石狮二。门内戟门五间。正殿九楹。规制仿太庙。左右山殿各三楹。东为衍庆殿。西为绵禧殿。东西配殿各五楹。碑亭井亭各二。碑亭恭镌圣制重建寿皇殿文。碑阴分镌清汉文重建寿皇殿谕旨。	

朝代	大祀空间控制涉及内容	典章
	方位：于启祥宫之西建（奉先殿）。 宁寿宫由景运门而东，相对者为奉先殿之诚肃门。 形制：奉先殿前后殿各七楹。	

图片来源：《钦定大清会典图》（光绪殿本）

附表4-5　宋元明清城市城池空间和环境控制典章及内容

朝代	涉及内容	典章
宋	有于城上别作踏路、便门，可以踰城出入者，并令废拆，不得存留。	宋会要辑稿/方域八/诸城修改移
	令所委躬亲部领壕寨等打量检计城壁合修去处州县，并依旧城高下修筑。其州县元无城处，即以二丈为城，底阔一丈五尺，上收五尺。	
	定州路安抚使司状，今相度到定州不依式修过楼子，欲将旧来法制施行。所有马面相去五十余步去处，委是稍稀，如因今有摧塌，即将稍稀去处依元丰城隍制度添置。本路及其余州军，并乞依此施行。	
	"修城合用敌楼战棚，取今月二日兴工。"诏缓其造作，毋得张皇骚扰，城制不得过三十尺。	宋会要辑稿/方域八/诸城修改移
	兰州展筑北城，其南城若依旧则城围太广，难于守御。若平居多置守兵，又耗蠹粮食。候展筑北城将毕，即废南城。	
	扬州城壁周围十七里一百七十二步，计三千一百四十六丈。昨申朝廷，于沿城里周围作卧牛势贴阜。近莫濛陈诉，壕河浅狭，已有旨令两司屯戍官兵开掘深阔……其城身外表砖瓦元不曾相验修筑，虑其间不无损缺之处，难以守御。欲再加相验，别参酌工数奏闻施行。	宋史
	六合县北大城修筑包砌，将已圆备，见将创造到万人敌、马面子、团敌，通过楼共二十二座，接续卓立，以为扞。	

朝代	涉及内容	典章
元	世祖筑城已周，乃于文明门外向东五里，立苇场，收苇以蒦城。每岁收百万，以苇排编，自下砌上，恐致摧塌，累朝因之。至文宗，有警，用谏者言，因废。此苇止供内厨之需。每岁役市民修补。至元间，朱、张进言：自备己资，以砖石包裹内外城墙。因时宰言，乃废。至今西城角上亦略用砖而已。至元十八年，奉旨挑掘城濠，添包城门一重。	佚/城池街市析津志辑
	至正十九年冬十月，诏京师十一门皆筑瓮城，造吊桥。	元史/顺帝本纪
	"目今草寇生发，合无于江淮一带城池，西至峡州，东至（杨）〔扬〕州，二十二处，聊复修理，斟酌缓急，差调军马守御，似为官民两便。""待修城子无体例。"	元典章/工部二
明	四十二年十二月乙巳，工部尚书雷礼奏"京师永定等七门，当填筑瓮城。东西便门接都城止丈余，又垜口卑隘，濠池浅狭，悉宜崇甃深浚"上谕礼，亟行之	
清	京师城垣规制　内城周四十里……下石上甃。共高三丈五尺五寸。堞高五尺八寸。址厚六尺二尺。顶阔五丈。设门九。门楼如之。角楼四。城垛一百七十二。旗礅房九所。堆拨房一百三十五所。储火药房九十六所。雉堞一万一千三十八。礅窗二千一百有八。凡门楼均朱楹丹壁。檐三层。封檐列脊。均绿琉璃。城阓九。	大清会典/工部
	城垣禁令　顺治二年定。内外城楼及城上堆拨。不许闲人登视。违者交部治罪。十七年题准。内外城垣。凡有顽民窃石盗卖者。送刑部依律治罪。雍正八年奏准。令步军统领严饬该管营弁。不许附近居民于城根取土。○乾隆九年谕。各省城垣。自应加谨防范……	
	工程做法建造城垣　凡城墙一段。计长十丈。身高二丈四尺。底宽三丈四尺。顶宽二丈四尺。台一座。面宽四丈八尺。进深二丈。门楼台一座。高二丈八尺。面阔八丈。外券中高一丈五尺六寸。口宽一丈四尺。进深一丈四尺。里券中高二丈二尺三寸。口宽一丈七尺。连楼墩台共进深五丈三尺三寸。城墙　台门墩埋头深一尺。水关一座。券口中高八尺八寸。宽九尺七寸。进深三丈四尺。马道一座，长十丈宽一丈五尺。顶高二丈四尺。外皮上砌堞墙垛口。里皮上砌女墙。券内安装城门一合。马道栅栏两扇。城门用寿山福海五面包锭铁叶。安锭泡钉。连楹两头。横拴中间两头。包锭铁叶。钉金吊曲须鼻头全。马道栅栏。按档包用铁叶。水洞安放铁楞铁板。城身台门台下脚并埋头。俱安砌豆渣石四层，宽二尺。背砌城，下满用铺底城一层。城身台石上接砌城。均计五进。门洞地面铺砌道板石。安立将军等石。铺底城一层。门洞两边平水墙。外券砌十一进。两边撞券砌十三进。里券平水墙砌九进。撞券砌十一进。里外券俱用砍细城。发五伏五券……	
	凡建制曰省，曰府，曰厅，曰县，皆卫以城。城治方圆随其地势，城墙中筑坚土而为土中，外镶砌以砖，上为难谍，城门外圈以月城。惟僻壤之厅州县城直土坚处所，间或筑土为城，又倚山之城，又有削壁令陡以作城者。	

附表 4-6 宋元明清城市其它空间和环境控制典章及内容

朝代	空间环境类型	涉及内容	典章
宋	民间祭祀空间	诸道府州县镇村坊应有敕额寺院，一切仍旧，其无敕额者，并仰停废。所有功德佛像及僧尼，并腾并于合留寺院内安置。天下诸县城郭内，若无敕额寺院，祗于合停废寺院内，选功德屋宇最多者，或寺院僧尼各留一所。若无尼住，祗留僧寺院一所……今后并不得创造寺院兰若。	册府龟元/帝王部 都邑
	民居	凡民庶家，不得施重拱、藻井及五色文采为饰，仍不得四铺飞檐。庶人舍屋，许五架，门一间两厦而已。	宋史/志 第/舆服六
	河道沟渠	诸傍水堤内，不得造小堤及人居。	宋会要
元	遗迹	前代遗迹 至元十三年正月，谕江南诏书条书内一款：名山大川寺观庙宇并前代名人遗迹，不许毁拆。	元史/刑法四
	民居	诸小民房屋，安置鹅项衔脊，有鳞爪瓦兽者，笞三十七，陶人二十七。	
明	教化空间	太学 十五年太学落成。帝亲诣释奠，诏礼官刘仲质等曰："孔子道冠百王，功参天地。今天下郡县并建庙学，而报祀之典止行京师，未遍宇宙，岂非阙典?"乃诏仲质等与儒臣共定释奠仪，颁之天下，令每岁春秋以上丁日通祀文庙。(《大训记》) 国学 十五年五月己未，新建太学成，改为国子监，分六堂以馆诸生，曰：率性、修道、诚心、正义、崇志、广业。(《纪明》)十七年四月，增筑国子学舍。(《本纪》)永乐二年，始以北平府学为北京国子监。八年，重建左监、右学、南雍六堂。(王圻《通考》)七年四月己酉，增建国子监学舍。(《大政记》)三十年十月乙未，重建国子监先师庙成。(《本纪》) 社学 洪武八年正月，诏天下立社学。(《三编》)方克勤知济宁府，立社学数百区。(《克勤传》)十六年，诏民间立社学，有司不得干预。(《会典》)……南安知府张弼毁淫祠百数十区，建为社学。(《张弼传》) 武学 洪武二十年七月，礼部请立武学、开武举。不许，曰："是歧文、武为二也。"(《昭代典则》)宣德十年，英宗即位，诏天下卫所皆立学……至各卫幼官暨子弟未袭职者，在两京并建武学，如京府儒学之制。(《会典》)	
		书院 长沙通判陈钢监吉王府第，工成。王赐之金帛，不受。请王故殿材岳麓书院，王许之。(《陈钢传》)……五年(天启)八月壬午，诏毁天下书院。东林、关中、江右、徽州各书院俱行拆毁。从逆党张讷议也。(《本传》)	

续表

朝代	空间环境类型	涉及内容	典章
明		原设旌善亭、申明亭，但有损坏，仰本府严督所属、即便并工修理，榜示姓名行实、使善恶知所劝惩。毋得视为具文因而废弛。先将坊、都设亭处所，及善恶姓名具报。	宪纲事类
	民居	庶民所居房舍不过三间五架，不许用斗栱及彩色装饰。	诸司职掌
		凡庶民所居房舍，不得过三间五甲架，不许用斗拱及彩色装饰，其余从屋虽十所、二十所，随宜盖造，但不得过三间。	稽古定制
		民间房舍，须要并依令内定式。其有越雕饰者，铲平；彩妆青碧者，涂土黄；其斗拱、梁架成造岁久，不须改毁。今后盖造违禁者，依律论罪。	大明令/礼令
清	河道沟渠水塘	沟道 ○顺治元年定。令街道厅管理京师内外沟渠。以时疏濬。若有旗民人等淤塞沟道者。送刑治罪。○雍正四年奏准。京师内外大小沟壕。内城交步军统领。分委八旗步军协尉。外城交五城街道厅。分委司坊各官。凡应行刨乞之处。丈量确估。酌动正项钱粮。于次年兴工。○七年奏准。自何家庄至左安门水关明沟。每年淤塞。不能畅流。交街道厅五城司坊官……	大清会典/工部
		堤坝 ○凡工之式。有堤、有埽、有牐、有坝、有涵洞、有木龙、有障。有籣。堤高一丈者。上宽三丈。下宽十丈……	

　　注：当前古代建筑典章研究以刘雨婷《中国历代建筑典章制度》① 收录书目和内容最为全面，本研究主要以其罗列典章书目为研究典章范围，以下典章及内容分析表均如此。

_____

　　① 刘雨婷：《中国历代建筑典章制度》，同济大学出版社 2010 年版。

附表4-7 宋元明清时期古画中城市街道空间和景观环境分析表1

古画	年代	街道空间构成要素							城市景观环境	
		建筑物				构筑物	植物	环境小品	城市色彩	城市体量
		体量	色彩	材质	屋顶形式	牌楼之类		广告牌等		
清明上河图(北宋版)	北宋(北宋时期京城汴梁及汴河两岸的自然风光和繁荣景象)	见下附表	屋顶色彩灰色(灰瓦)	木材(木结构建筑)、石材(城门楼)	居民建筑:悬山顶。城门楼:歇山顶	城市中没有城门楼,只有许多凉棚和凉伞,摆放不整齐,侵占街道	城市无刻意种植的行道树,街道的植物均为私人种植。	店面都有广告牌,但不统一立式广告牌 悬挂式广告牌 斜挑旗帜式广告牌	主要颜色(白色)墙,灰色(灰瓦);辅助色彩:绿色(植物)	城市建筑主要以一层为主。酒楼和脚店旅馆为两层。城中最高建筑为城门楼。
清明上河图(明版)	明朝	见下附表	民居屋顶灰色,墙为白色,宫殿屋顶黄色和琉璃色	木材(木结构建筑)、石材(城门楼)	居民建筑屋顶形式:歇山(主)、硬山;宫殿建筑:重檐歇山顶;城门楼:重檐歇山顶	城市中没有城门楼,沿街只有少许单独摆放的凉棚	城中无刻意种植的行道树,街道的植物均为私人种植,大户人家一般带有园林。	广告牌设置整齐,主要为门侧悬挂式广告牌	主要色彩:(白色)墙,灰色(灰瓦);宫殿区为黄顶,辅助颜色:红色(建筑外露结构部分为红色)	城市建筑主要以一层为主。大户人家有两层建筑但很少临街。城中最高标志性建筑为:城门楼(两层),和宫殿建筑(台基上两层)

续表

古画	年代	街道空间构成要素							城市景观环境	
		建筑物				构筑物	植物	环境小品	城市色彩	城市体量
		体量	色彩	材质	屋顶形式	牌楼之类		广告牌等		
南都繁会图	明朝晚期(描绘明朝晚期的南京都城南部城市商业兴盛的场面)	见下附表	居民建筑:屋顶灰色。宫殿建筑:屋顶为黄色和琉璃色。	木材(主)、石材	居民建筑:硬山顶为主,有少许歇山和悬山顶。庙宇:重檐歇山顶。宫殿建筑:重檐歇山顶。	沿主街有四座牌楼,牌楼样式:木牌楼为主。有少许凉棚和凉伞。	街道两旁无行道树。局部街角有少量植物配置。	店面都有广告牌,广告牌比较统一;牌前:衙门前两边摆放石狮子,旗幡等。	主要居民色彩:大量建筑白墙灰瓦为主色调。辅助色彩:街道建筑(牌楼等)、建筑的木结构外露以红色结构为主。	大部分建筑以一层为主。城市商业中心地段局部有两层建筑,数量较少。
姑苏繁华图	清代 清乾隆二十四年(1759年)	见下附表	屋顶色彩:灰色(灰瓦)。	木构、石材	居民建筑:硬山顶(居多)、歇山顶、悬山顶,卷棚。	沿主街建有牌楼,结构有木楼和石牌楼。街巷口处有木栅栏。门店口处很少有挑出凉棚。	城内街道两旁无行道树。植物均以庭院绿化为主:垂柳,松树等。	店面一般设有广告牌,比较整齐。多为标杆式广告牌,店面两面图牌。衙门前有照壁(设于街对面),竖直两旗杆旗幡,且设有木栅栏。	主要颜色:灰色(灰瓦)、白色(白墙)、绿色(植物)。辅助颜色:红色(部分建筑外露木结构)。	城市建筑主要以两层为主。城中最高建筑为城门门楼。城外有七层的塔。

续表

古画	年代	街道空间构成要素							城市景观环境		
		建筑物				构筑物	植物	环境小品	城市色彩		城市体量
		体量	色彩	材质	屋顶形式	牌楼之类		广告牌等	城市色彩		
清明上河图（清）	1736年（乾隆元年）	见下附表	居民建筑:屋顶灰色,宫殿建筑:屋顶为黄色和琉璃色。	木材（主）、石材（屋顶）、琉璃（宫殿、牌楼顶）	居民建筑:硬山（主）、悬山、歇山。宫廷建筑:庑殿顶,重檐歇山顶。	主街口有木牌楼,衙门前有牌楼。街巷门口有木栅栏。部分门店建筑挑出有凉棚、凉伞。	城中无刻意种植的行道树,街道植物均为私人种植。	沿街店面一般有广告牌,其形式有立式广告牌、标杆式广告牌,整体较为整齐。衙门前两侧立有兵器架。街道边有水井。大户人家门前摆有石狮。	主要色彩:白色(白墙)、灰色(灰瓦)（宫殿区为黄色）辅助颜色:红色(部分建筑外露木结构)		城市建筑主层以一为主,大户人家有两层,但不临街。城中最高建筑为宫殿建筑,其次为城门楼。
乾隆南巡图卷一启跸京师卷	乾隆十六年（公元1751年）	见下附表	居民建筑:灰色,屋顶墙、白色墙;宫廷建筑:黄色琉璃瓦。	木材（主）、石材、琉璃	居民建筑:卷棚、硬山、悬山;宗教建筑:重檐歇山顶;宫廷建筑:重檐歇山	主有木牌楼,有五开间和三间。街巷门口有木栅栏	城内街道两旁无统一种植,行道树,只在局部地方有少许乔木。	临街门店一般有广告牌,形象整齐,其形式多为屋檐下悬挂,个别为旗杆式。衙门前两侧立有兵器架。	主要色彩:街道两旁建筑主要以墙灰墙、瓦为主。辅助色彩:城市门楼及重要建筑外表装饰红色。		主要居民建筑以一层为主,商业繁华地段部分有两层建筑。街道最高建筑以城门楼为主,其次为牌楼。

附表:4-8　宋元明清时期绘画中的沿街建筑道体量分析表

	一层				主街沿街建筑	两层					
	一开间	二开间	三开间	四开间		一开间	二开间	三开间	四开间	五开间	六开间
清明上河图（北宋）	5 / 16.7%	10 / 33.3%	10 / 33.3%	2 / 6.7%	主街沿街建筑30幢	—	2 / 6.7	1 / 3.3%	—	—	—
清明上河图（明）	6 / 12%	25 / 50%	12 / 24%	2 / 4%	主街沿街建筑约50	2 / 4%	3 / 6%	—	—	—	—
南都繁会图（明）	5 / 20%	5 / 20%	8 / 32%	1 / 4%	主街沿街建筑25幢	—	2 / 8%	3 / 12%	1 / 4%	—	—
清明上河图（清）	4 / 8%	20 / 40%	15 / 30%	2 / 4%	主街沿街建筑约50	—	7 / 14%	2 / 4%	—	—	—
乾隆南巡图—启跸京师	8 / 12.3%	15 / 23%	25 / 38.6%	8 / 12.3%	主街沿街建筑65幢	—	2 / 3%	5 / 7.8%	2 / 3%	—	—
姑苏繁华图（清）	6 / 5%	26 / 21%	28 / 22.5%	13 / 10.8%	主街沿街建筑120幢	2 / 1.7%	12 / 10%	22 / 17.3%	7 / 5.8%	4 / 3.4%	3 / 2.5%

注：“——”表示没有该项。

姑苏繁华图（清）部分

乾隆南巡图第一卷——启跸京师（清）部分

5　宋元明清时期设计中的礼制思想之比较

中国古代城市规划、建筑、园林的思想研究已经有很多的成果，一些观点也基本达成学术界的共识。总结这些观点，特别是这几类设计中有关礼制思想的观点，与城市设计礼制思想进行比较，有利于更深刻的认识城市设计礼制思想的本质。

5.1　宋元明清时期城市规划思想和特征

中国古代城市规划建制的发展，实质就是营国制度传统的革新和发展，而营国制度是中国古代城市规划体系所赖以建立的基础①。营国制度从周代形成以来，历经多次革新，贯穿于中国整个古代社会。宋元明清时期城市规划的思想路径仍是围绕着营国制度而行进的，营国制度中折射的礼制思想深深影响了宋元明清时期的城市规划。

依据贺业钜先生的研究，北宋至清鸦片战争这段历史时期为后期封建社会，是中国古代城市规划体系传统革新成熟期的后期，这一时期城市规划主要特征有如下几点：

①全面推行新型城市商业网及坊巷规划制度，以取代旧的市坊规划

---

① 贺业钜：《中国古代城市规划史》，中国建筑工业出版 1996 年版，第 678 页。

制度；

②革新城市总体规划格局，以适应城市经济发展要求（出现了一些新的功能分区，如"行业街市区"、"中心综合商业区"、"邸舍区"、"码头仓库区"等）；

③协调革新与传统的关系，进一步发展营国制度传统精华；

④强调宏观规划的分工协作要求，突出城市及市镇分工职能的特色①。

这些特征表明，随着社会经济的发展，传统的营国制度为适应社会商品经济不断发展的形势需求而调整的，其体现的特征也是围绕着这一主题而展开。

从贺业钜先生的总结以及宋元明清城市规划实践来看，此时期城市规划主要思想，一方面继承了周礼"营国制度"的礼制原则，将社会、政治伦理法则——"君权至上"和"等级分明"演化为城市的规划思想，体现出一种伦理的理性思维。如元大都、明清北京城的规划。另一方面，为了适应不断发展的社会经济现实，宋元明清城市规划在总结了前朝的规划实践的同时，在规划思想上也融入了礼制之外的其他内容。具体而言，一个就是实用主义的思想，主要表现为，统治者面对不断发展的城市商业经济，在里坊制失效后，逐渐认可了街巷制并全面推行。此外，在城市功能划分上，也形成了专门的各行业街市、中心综合商业区、码头仓库区等等，这是实用主义思想对营国制度的一种突破。另外一个就是"道法自然"、"象地法天"的道家思想运用。如果说以"礼"为核心的儒家思想，其重点是为社会确立秩序和价值的学说。而道家思想则弥补了儒家道德伦理之外的缺陷，即如何完成城市的"天人合一"（儒家的"天"为宗法道德的义理之天，而道家的"天"则侧重自然。当然，道家对自然的理解更多是基于上古宗教的自然崇拜成

① 贺业钜：《中国古代城市规划史》，中国建筑工业出版1996年版，第575页。

分）。如元大都全城只开 11 个城门，并非都是"旁三门"，北墙正中不开门，只设两门，这是严格按照道家的风水观，避免破了龙脉正脊之气；将宫城对应太一（北极星），主要的中央官署也是参照道家推崇的风水理论的"星位"来配置，同时将中轴线对应黄道，官署围绕皇城布局，象征众星拱卫太一，以此来暗示皇帝是天下至尊，受天下朝拜①。

5.2 宋元明清时期建筑思想

古代中国的建筑设计并没有形成专门的学科。从前一章节对古代建筑匠人的构成分析来看，古代中国的建筑设计并不是工匠个人的创作行为，很多时候，古代的建筑设计是多方合力的结果，有来自国家的规定，也有来自雇主的要求，真正给予工匠的创作空间并不大。因此，社会整体的建筑思想或建筑观比匠人的建筑设计思想更有概括性。依据思想产生的规律来看，古代建筑思想的形成来自于建筑形式和结构的决定者们的建筑理论教育和社会现实体验等综合因素，包含有这些人的价值取向和在创作活动中的行动准则等，是其世界观的组成部分。因此，中国古代建筑思想也是中国古代思想的组成部分，其发展、变迁的趋势与一般思想的发展、变迁有密切的关系。乔匀在《中国古代建筑》一书中提到，以"礼"为核心的儒家思想对中国传统建筑的影响有如下六个方面：第一，由"礼"而产生了建筑上的多种类型及其形制，如殿堂、宗庙、坛、陵墓等；第二，君权至上；第三，主张敬天，对天地的祭祀是历朝大祀，建有天坛、地坛、日坛、月坛，以及社稷、先农诸坛；第四，主张孝亲法祖，故有宗庙、陵墓；第五，主张中正有序，建

---

① 马克垚：《中西封建社会比较研究》，学林出版社 1997 年版。

筑平面布置方整对称，昭穆有序；第六，主张尊卑有序，上下有别，注
重用建筑来体现尊卑礼序，建筑的开间、形制、色彩、脊饰，都有严格
的规定。从乔匀的总结可以看出，礼制思想之于建筑设计思想的关联是
很密切的。同时，由于建筑本身的特殊性，建筑思想有着与其他思想不
同的范围和变迁道路。

王鲁民教授在《中国古代建筑思想史纲》① 中总结了中国古代建筑
思想的几个主要特征，第一，中国古人对建筑功能的理解是建立在宫室
本位的基础上的；第二，建筑是由不同类型和不同等级的要素构成的一
个整体，从而保证秩序的形成和各种需求的满足；第三，建筑的标识作
用强于其功能指向，建筑在某种意义上是对人的行为进行限制、激励或
者互动的物质体系；第四，在考虑建筑与环境的关系时，不同的营造目
的，环境的价值和意义是不同的，对于不同等级、不同用途的建筑，其
所涉及的环境范围也是不同的；第五，受经济和技术条件所限，对宫室
的思考多关注其器用性、制度价值和经济意义；第六，由于中国古代建
筑承担着建立社会秩序的任务，因此形成了以宏丽为尚的宫室审美取
向；第七，在风水思想的影响下，建筑被视为影响甚至能够改变命运的
工具；第八，中国古代传统建筑思想一直以来都比较稳定。

就宋元明清这一时期的建筑思想，王鲁民教授在书中也专门作了分
析。宋代一方面继承发展了以前的"宫室本位"、"等级秩序"、"空间
训导"等建筑思想，如以宋代"理学"为指导，利用空间的分割与限
定来对人进行区分，对人的活动范围加以控制等等，并且在营造技术方
面有了明显的进展。以《营造法式》为代表，标志着技术理性思想在
建筑中的兴起。依据王鲁民教授的研究可以看出，尽管这种技术理性思
想还是为统治者"等级秩序"、"空间训导"等服务的，但其内容更多
侧重的是建筑工程技术问题，体现出的是一种技术理性。除技术理性思

---

① 王鲁民：《中国古代建筑思想史纲》，湖北教育出版社 2002 年版，第 111 页。

想外，宋代的"风水"思想也比较兴盛，特别是《葬书》、黄妙应的《博山篇》等"风水"书籍的传播，使得"风水"思想在当时的社会上有较大影响。明清时期，等级制度进一步细化，建筑的细节管理规定也越来越多，建筑的"等级秩序"思想被进一步加强。同时，随着经济的发展，人们在建筑艺术方面的需求也逐渐增加。在李渔《一家言》中，建筑营造已经成为艺术创造的一种，对建筑形式、风格等的讨论，已经与园林、绘画、诗文一样，成了文人士大夫需要介入的领域。因此明清时期文人思想也开始渗入到建筑之中。在"风水"思想上，以《鲁班经》为代表，"风水"与建筑技术相融合，建筑尺度与吉凶联系在一起了，将民间营造活动诠释成了泛巫术的活动。

5.3 宋元明清时期的园林设计思想

园林是人类为了生存和生存得更好而开辟或营建的与自然联系、生活必需并寄托心灵境界的空间①。它既有物质功能性，同时具有审美的精神性。根据周维权教授的研究②，中国古代园林可以分为四个发展阶段，其各阶段特点如下：

（1）先秦、两汉时期为中国古代园林生成期，其主要典型代表是为帝王和诸侯服务的皇家园林，其形式有台苑园林、囿苑园林、离宫园林、宫园、陵园、祖、社、坛庙园林等等。随着社会经济的发展，作为最佳人居环境的皇家园林也越来越成为城市的重要空间，成为中国古代园林发展的主体之一。其在文化内容、景象特征上也将其他类型园林，如寺庙园林、私人园林所包容。皇家园林主要功能正由早先的狩猎、遏神、求仙、生产为主，逐渐转化为后期的游览、观赏为主。造园的活动

---

① 王铎：《中国古代苑园与文化》，湖北教育出版社2003年版，第1页。
② 周维权：《中国古典园林史》，清华大学出版社2008年版。

还多为简单的模仿自然，并未达到艺术创作的水平。此时体现的造园思想主要还是宗法礼制思想和自然主义原始崇拜思想。

（2）魏晋南北朝时期是古代园林的转折期，私家园林得到了很大的发展。其作为古代士人阶层在物质生活和精神生活升华后的产物，通过园林空间沟通人与自然联系，使人得到身心上的享受，也逐渐成为古代园林的主要代表之一。另外，随着佛教和道教的流行，寺观园林也开始产生并兴盛。此时期，游赏活动成为皇家园林的主要功能，这也对园林视觉审美提出了需要。因此，园林表现由过去的再现自然进而发展为表现自然，由模仿逐步转化为概括、提炼、抽象化、典型化。园林开始有了创作的精神。也正是如此，一些文人士大夫通过创作手法将自己的思想寄情于私家园林之中，从而带来了私家园林的兴起。此时作为文化的衍生，随着佛、道教的传播，寺观园林也开始产生和发展。可以说魏晋南北朝时期是造园作为艺术创作行为后，造园思想的萌芽阶段。

（3）隋唐时期是古代园林的全盛期。国家管理制度逐步完善，文化得到繁荣，园林艺术兼容儒、道、玄诸家的美学思想而向更高水平跃进。除了皇家园林的发展外，私家园林中还产生了文人园林。此时期，各类园林的创作开始写实与写意相结合，如皇家园林宏伟大气，体现了"帝王至上"、"皇家气派"的思想；私家园林着意于刻画园林景物的典型性格以及局部小品的细致处理，有了意境的塑造，并开始体现出儒家的现实生活情趣、道家的少私寡欲和神清气朗和佛家禅宗的空灵顿悟等思想。

（4）宋元明清时期则是古代园林的成熟期，皇家园林、私家园林和寺观园林都不断地发展和完善，而且产生了大量的有关造园理论，如计成的《园冶》、李渔的《一家言》、文震亨的《长物志》等。此时期，私家、皇家、寺观三类园林都已形成了中国古典园林的高于自然、建筑美与自然美相融合、诗画情趣、涵蕴意境四大特点。而园林的创作方法也由写实写意相结合逐渐向写意转化，并体现出"小中见大"、"须弥芥子"、"壶中天地"之类的美学观念。明清时期造园思想基本升华为写意山水园林,即在有限空间里,通过山水林泉,林蔽亭屋,形成万象变化,尽写诗情画意,寄托文士之志,其艺术写意如写意山水画一样,尽显艺术的创作成分。

从周维权教授的研究可以看出,整个中国古代园林发展由简单的模仿自然,到写实,再到写实和写意相结合,最后到写意的整个过程,体现了园林由满足社会的物质需求逐步向精神需求乃至更高层次的精神寄托的发展过程。在这个过程中,造园思想也由最初的以"易"为代表的朴素自然观和宗法礼制思想,发展到宋元明清时期的以"礼""仁"为核的儒家思想、"道法自然"的道家思想、"空灵顿悟"的佛道禅宗等多种思想相融合的集大成。园林也成了这些思想美育人性的空间。

5.4 城市设计礼制思想与城市规划、建筑设计、园林设计中的礼制思想之比较

5.4.1 城市设计与城市规划、建筑设计、园林设计之间的关系

现代城市设计的产生过程,能很好地反映出城市设计与城市规划、建筑设计之间的关系。余柏椿教授在《城市设计感性原则与方法》一书中就提到,"20 世纪中叶以来,在社会、经济、文化发展的促动下,城市规划学由传统的实体环境规划向社会规划和经济规划方向发展,形成一门涵盖多学科的综合学科;历经了几个历史年代的建筑学科在社会变革、技术革命的历史长河中不断自我完善,形成一门成熟的独立学科。一方面建筑作力于微观自我表现,另一方面城市规划忙于跨学科宏观扩展。二极化倾向忽视了人的情感,割裂了建筑与建筑的关系,冷淡了城市空间环境质量……当人的生存空间逐渐失去人情味时,创造和享

用空间的人怎会等闲视之20世纪中叶，在芬兰建筑师伊利尔·沙里宁倡导下，一门新学科——现代城市设计便应运而生"①。从这一过程来看，城市设计是在相关学科领域内发展起来的，因而与其他相关学科和实践领域有着密切的关系。吉伯德认为，城市设计与城市规划最主要的差别在于城市规划不需要研究美的感受问题；而城市设计则关注设计素材的美感，如形式、色彩、质地等问题。

从关注的内容来看，城市设计与建筑设计则有很多重合的内容。城市设计和建筑设计都关注实体、空间以及两者的关系。它们的差别主要在于，处理空间环境的出发点和内容有所不同。城市设计立足于城市整体，考虑是城市整体利益，设计对象主要为城市公共空间和景观环境。而建筑设计则以设计师本人或委托者为出发点，设计的对象往往是建筑本身，考虑城市整体的情况并不具有高度的自觉性。从现在城市规划、城市设计以及建筑设计三者发展情况来看，只有三者的统一协调，才能良好的城市环境。

园林设计主要是应用艺术和技术手段处理自然、建筑和人类活动之间复杂关系，营造和谐完美、生态良好、景色如画的游憩环境。园林设计较早地脱离了建筑设计，并在其专有领域快速发展，学科上较城市设计更为独立。

表5-1 城市设计、城市规划、建筑设计、园林设计的比较分析

	传统城市规划——现代城市规划（综合）		传统城市规划——现代城市设计（形体）		建筑设计	园林设计
对象	二度用地形态、土地规划	经济、社会的城市空间承载	二度空间形态，建筑规划	城市公共空间和景观环境	单体建筑或建筑群	户外环境

① 余柏椿：《城市设计感性原则与方法》，中国建筑工业出版社2003年版，第1页。

续表

	传统城市规划——现代城市规划（综合）		传统城市规划——现代城市设计（形体）		建筑设计	园林设计
目标	对城市物质形态建设进行综合控制	配合国家和地方政府，对城市的政治、经济、文化以及物质建设等进行综合调控	对城市物质形态建设进行形体控制	综合性的城市环境设计满足人的适居性要求	满足设计委托人的利益和要求	用艺术和技术手段处理自然、建筑和人类活动之间关系，营造和谐完美、生态良好、景色如画的环境
应用范围	整体的城市区域和街区	区域、城市	整体城市或街区	整体城市或街区	街区规模内的建筑物或建筑群	城市绿地、庭院绿地

注：该表主要内容引自王建国《现代城市设计理论和方法》。①

从现代学科的发展来看，城市设计、城市规划、建筑设计以及园林设计尽管有许多交叉以及重叠的内容，但都开始有了各自的重点研究领域。

5.4.2 城市设计、城市规划、建筑设计、园林设计中礼制思想之比较

中国古代城市设计、城市规划、建筑设计以及园林设计从产生起并没有严格的区分，它们都包含在营建活动中。因此，中国古代城市设计思想包含于中国古代城市营建和城市管理思想之中。而在《周礼·考工记》中，所有与城市营建相关的内容都集中在"匠人营国"、"匠人建国"篇，并没有划分出城市规划、建筑设计、城市设计、园林设

---

① 王建国：《现代城市设计理论和方法》，中国建筑工业出版社2005年版，第57页。

计来。

周代时，周公制礼以统一天下之制，城市设计、城市规划、建筑（此时造园主要就是筑台、建房，因此园林暂时还从属于建筑）这些有关营建活动都被纳入到礼制的范围，因此，此三者都有着一脉相承的思想——礼制思想，而最初形成的有关制度文献就是《周礼》。由于原有的《周礼·冬官》佚失，最后以鲁国的《考工记》以代之，《考工记》有专门的"营国、建国制度"描叙，因此，这段描叙内容自然成了后来推崇"礼制"的各朝各代的城市规划、城市设计模板。

在《考工记》中有关建筑的描述并不多，但这并不能否认建筑遵循礼制思想的事实。在王其钧教授《华夏营建》中提到，"周朝已经有了一套比较完善和通用的建筑制式体系，各类建筑都有上下、亲疏、内外之分。此外在建筑的选址和建造方面也都注意突出地位或皇权，如王宫要建造在国都中央，主体宫殿都规模宏大等……这些小至建筑样式、宫门数量，大至城垣角楼制式的建筑布局差别，在以后官式建筑中被保留了下来，并被当作法则予以遵守。"[1] 王其钧教授这段话正好反映出周代建筑的礼制思想。另外，在《礼记·礼器》中有专门针对建筑基座高度等级设计标准，"天子之堂九尺，诸侯七尺，大夫五尺，士三尺"，在《春秋·谷梁传》中有专门针对柱子颜色等级标准，天子用朱色，诸侯用黑色，大夫用青色，士只能用黄色。尽管这些内容没有系统的将建筑礼制思想直接反映出来，但建筑设计中采用礼制思想则是肯定的。

随着社会经济、思想文化以及工程技术的发展，城市设计、城市规划、建筑设计、园林设计等中的礼制思想具体内容及特征也随着变化，并且由于这四个方向的设计对象不同，到宋元明清时期，其礼制思想也有细微差别。

---

① 王其钧：《华夏营建》，中国建筑工业出版社 2005 年版，第 31 页。

表5-2 宋元明清时期城市设计、城市规划、建筑设计、园林设计礼制思想比较

		城市设计	城市规划	建筑设计	园林设计
设计对象		城市公共空间和景观环境	用地布局、土地利用	单体建筑和建筑群	园林
礼制思想内容和特点	承	1. "君权至上"、"等级分明"被进一步强化,特别是明清时期; 2. 针对礼制空间,礼教仪式设计越来越细化;	"君权至上"思想始终如一;	"等级分明"充分地体现在建筑设计中	皇家园林还有凸显"君权至上"的思想
	变	针对日常生活空间,则有实用主义倾向,但仍然强调等级秩序。	"营国制度"中部分功能布局原则被打破,功能布局更符合城市发展;	对建筑设计整体发展来说更多的是在技术上的突破。	此时期的园林更多的是艺术创造作品,突出的精神意境的东西而非礼制秩序。

注:古代并无城市设计、城市规划、建筑设计等的区分,为便于研究本人采用现代学科概念进行分类。

从表5-2中可以发现,宋元明清时期的园林设计中,礼制色彩已经在逐步减弱,并更多地向艺术方向迈进。此原因与当时园林设计考虑的主要是人、建筑、自然之间的关系有关。因为,礼制思想更多是考虑人与人或人与神之间的关系,这与当时供个人游憩的私家园林关联不强。

宋元明清时期的建筑设计中,等级管理越来越细化,但就建筑设计礼制思想整体而言,管理的细化还只是同一种思想的渐进延续,并无更多突破。相比依托礼法管理体系出台的建筑技术规范而言,建筑技术理性的发展或者说建筑设计向技术理性方向迈进得更多。

此时期,城市规划中礼制思想也开始有些松动,在土地利用和功能布局方面,更倾向于务实。这一点从宋元明清各代都城中商业区位置、

码头位置等事例中可以看出。究其原因，一方面，统治者在城市功能布局的时候，考虑其自身实际经济、技术、文化情况，为了使其城市更利于其统治，对于"营国制度"采用有选择的继承。如宋代东京，据《册府龟元》记载这样一件事，都城是在旧的城市基础上修建，它的形制都不合标准，由于地方狭小，各个军营以及办公衙署都没法在此建设。同时，房子店面有限，外来的生意人都没法这此开店。房屋紧紧挨着，街道狭窄，到了夏天很是潮热，而且常常有火灾隐患，因此，不论是对国家而言还是对百姓而言都应该扩大城市面积。应该要求相关部门在京城的四周再建外城，先把界限确定，等第二年的春天农闲的时候，安排附近的人慢慢依次修建。今后要建房子、建墓。摆摊设点的都要在标示之外七里。而标识内安排官府衙署及其办公机构。这段话可以看出，北宋东京由于是旧都，所以统治者大部分建设只能根据实际情况而建设，老城没有地就开辟新城，这样一来"营国制度"的一些功能布局原则自然就没法遵循了。另外一方面，就是为城市土地制度所限。唐代中期以后，土地国有制不再占统治地位，而宋代以后，城市土地基本是私有化了①，对于城市中的民地，官府一般对其用地性质限定很少，或居或坊或店均由业主自定，即使皇帝想征用民地也得考虑合适的补偿以及拆迁的方式。如《宋会要》记载建炎二十八年，临安城为拓展城墙，涉及占用原居民的土地，当时官府就考虑"所有合拆移之家，如自己屋地，今已踏逐侧近修江司红亭子等处空闲官地四十余丈，许令人户就便拨还。内和赁房廊舍，候将来盖造，却依原间数拨赁。其新城内外不碍道路屋宇，依旧存留……所有拆移般家钱，除官司房廊止支赁钱户外，百姓自己屋地每间支钱一十贯文，赁户每间五贯文，业主五贯文。除已出榜晓谕，候见实数支给"。城市土地所有权的私有化，使得城市统治者们在考虑功能布局的时候，不得不考虑其土地经济成本。北

---

① 杨国宜：《中国古代土地制度概说》，《历史教学问题》1982 年第 4 期，第 41 页。

宋东京皇城规模也因此而未能进一步扩大，南宋临安其皇城更是选择到城市南端，完全没按礼制的皇城布置位置要求。

宋元明清时期，相比城市规划礼制思想的松动，建筑设计礼制思想侧重转向，园林设计礼制思想的弱化，城市设计礼制思想却得到不断的加强，即使针对日常生活空间有实用主义的倾向，如允许街坊空间的出现，但对此类空间的管理仍是十分严格的，并产生了更为细化的建筑等级管理制度和城市街道管理制度。从本质上来说，这种变化表现出在城市空间和景观环境重构过程中，"君权"在城市中的重新定位。当城市商业经济和城市土地私有制的发展冲击了原有城市"君权"地位（宋以前，城市主导经济基本为"皇家"经济，土地"国有"制占主导），具有公共空间性质的街巷空间开始挑战权力空间（宋以前，城市不存在公共性质的空间，涉及公共利益的空间基本为权力空间）的时候，此消彼长，"君权"必然要在城市的另外一些方面加以补强。而在城市公共空间和景观环境中加强礼制思想，无疑是宣扬"皇权"的好办法。它占领的是城市精神的这一块，既对城市居民有很好的规训作用，同时也能与城市经济发展不相冲突。当然，这一过程并非一蹴而就，它也是在实践中不断渐进的过程。

以街巷空间为例。宋代时，坊墙刚刚倒塌，街巷制刚刚开始，这一切对城市的统治者来说无疑是对权力的一次挑战，宗法专制的社会制度也使其不可能轻易放弃对街巷空间的控制权力。如何将具有公共空间性质的街巷空间纳入到统治者的权力空间中来，从宋、明、清三个时期城市街道景观变化可以看出一些痕迹。

图 5-1 宋代 张择端《清明上河图》（部分）
街道一侧建筑红线和沿街建筑屋顶形式

图 5-2 明代 仇英《清明上河图》（部分）街道一侧建筑红线和建筑屋顶形式

图 5-3 清代 徐扬《清明上河图》（部分）街道一侧建筑红线和建筑屋顶形式

图 5－4　清代　徐扬《乾隆南巡图　启驿京师》（部分）
街道一侧建筑红线和建筑屋顶形式

从这几幅不同时期的有关城市街景的画中可以看出，从宋代到清代，城市街道两侧建筑越趋整齐，这种整齐体现在建筑红线、建筑屋顶、建筑层数等的逐步统一上。当然，统治者会说其目的是为了街景的需要。如《清会典·工部》就明确提出，"京师重地，房舍屋庐，自应联络整齐，方足壮观瞻而资防范，嗣后旗民等房屋完整坚固，不得无端拆卖"，但街景设计的法则是围绕着礼制思想而展开。街道两侧民居建筑的高度不能超过城墙，既是安全考虑也是为突出宫廷建筑，并不是街道美学规则的街道宽度比例，这体现了"帝王至上"的设计思想；建筑屋顶形式基本依据"营缮令"规定，有专门等级要求，这是典型的"等级分明"的思想；道路红线宽度控制则基本为礼制中"车轨制"，以元大都北京城"大街二十四步阔，小街十二步阔"来看，大街约 36 米，小街约 18 米，这与古代交通通行能力基本无关了，其目的主要为壮丽（因两侧建筑高度所限，实际效果值得怀疑）。

6 城市设计礼制思想的哲学观与思维方式

6.1 礼的哲学

6.1.1 "礼"的属性

什么是"礼"？在中国古代典籍中，有很多与礼相关的论述。《说文解字》中解释"礼，履也，所以事神致福也，从示，从豊，豊亦声。"《荀子·大略》云："礼者，人之所履也，失其履，必颠蹶陷溺。"又云"礼者，政之轨也。为政不以礼，政不矣。"《孟子·告子上》云："恭敬之心，礼也。"《左传 隐公十一年》云"礼，经国家，定社稷，序民人，利后嗣者也。"《国语·晋语四》云"夫礼，国之纪也。"《礼记·坊记》云"夫礼者，所以章疑别徵以为民坊者也。"等等。以上可以看出，中国古代的"礼"包含有多种意义，体现行为程式的"礼仪"，体现典章制度的"礼制"，体现思想活动的"礼义"，体现政治运用的"礼治"。沈文倬先生将中国古代的"礼"分为狭义和广义，"就广义说，凡政教刑法，朝章国典，一概称为礼；就狭义说，则专指当时各级贵族（太子、诸侯、卿、士大夫）经常举行的祀享、丧葬、朝觐、军旅、冠昏诸方面的典礼",并定义"礼就是现实生活的缘饰化"①。此外,从文化学角度,邹昌林先生认为:"中国的礼与广义的文化是同一的概念,是一个无所不包的系统。儒学不过是从属于这一文化模式的一个发展阶段而已。"② 杨志刚先生认为:"'礼'是以礼治为核心,由礼仪、礼制、礼器、礼乐、礼教、礼学等诸方面的内容融汇而成的一个文化丛体。"③ 总之,礼是中国文明的标志产物,是中国文化独有的概念。它以"礼治"为核心、以"礼教"为手段、以人际和睦与社会和谐为目的,具体表现为典章制度、礼节仪式、道德律令三个层面的一系列制度、规范和准则④。

礼贯穿整个中国古代社会,对中国社会影响极其深刻。从内容来看,无论《周礼》的"吉、凶、宾、军、嘉"五礼,还是《礼记》"冠、昏、丧、祭、乡饮酒、相见"六礼,都反映出礼作为社会行为规范的功能。礼的属性决定了其作为社会行为规范的功能。孟德斯鸠认为:"中国把宗教、法律、风俗、礼仪都混在一起。所有这些都是道德。所有这些东西都是品德。这四者的箴规,就是所谓礼教","中国的立法者们制定了最广泛的'礼'的规则。在这方面,'礼'的内涵比礼貌深得多。礼貌粉饰他人的邪恶,而'礼'则防止把我们的邪恶暴露出来。'礼'是人们放在彼此之间的一道墙,借以防止互相腐化。"⑤ 从以上的论述看出,孟德斯鸠认为中国的礼具备宗教（自然原则）、道德（自律原则）和法律（他律原则）三重属性。其中,作为行为之礼的礼仪反映出宗教（信仰和神圣）"天意如此"的属性,作为制度之礼的礼制具有法定（他律）的"必须如此"属性,作为观念之礼的礼义具有道德（自律）"应该如此"的属性。三者同为社会行为的自我约束

---

① 陈戌国:《中国礼制史先秦卷》,湖南教育出版社1998年版,第6~7页。

② 邹昌林:《中国礼文化》,社会科学文献出版社2000年版,第18页。

③ 杨志刚:《中国礼仪制度研究》,华东师范大学出版社2001年版,第21页。

④ 张自慧:《礼文化的人文精神与价值研究》,（博士学位论文）,郑州大学,2006年。

⑤ 孟德斯鸠:《论法的精神》上册,商务印书馆1978年版,第313页。

原则，对中国古代社会秩序起着稳定的作用，同时也渗透到了城市的各个空间。

6.1.2　"礼"的起源

说到礼的哲学观就不得不分析礼的起源。王晓锋的解释，"礼字的最早的文字形式像用器具托着两块玉奉给鬼神，这是氏族成员对祖先的祭祀仪式，也是礼的雏形意义。"① 而这种祭祀行为则是针对祖先，通过祭祀祖先以敬天事神，维系以血缘为基础的氏族社会。可以说，原始的礼主要是氏族成员共同的祭祀活动，是宗教信仰行为。自然法则是这种礼的基础，它的产生过程是人们对自然与自身之间的依赖关系的不断地认识、理解和感悟，并由此意识到自然规律及其力量，这种规律在其力量的强化下逐渐成了人类的自我约束原则。

进入奴隶社会后，父系家长制转化成宗法制，礼成为贵族统治者的统治手段。特别是随着社会的发展和进步，人类对自然现象和各种社会关系的认识不断加深，原始的畏惧心理逐渐转化为对社会的控制和改造意识。从而，礼的内容开始发生本质变化，并逐渐扩展到社会生活的各个方面。除了对人与自然之间追求平衡与和谐之外，还开始考虑人际之间的平衡与调整，礼由此而跨入社会政治领域。从"周公制礼"（"作《周官》，兴正礼乐，度制于是改。"——《史记·周本纪》）这段历史来看，周王朝统治者已经认识到，单靠武力征服是难以保证国家的长治久安，更需要一套完善的典章礼仪制度和宗法等级制度，从制度乃至精神上巩固其统治。作为全民宗教信仰的礼，于是跳出祭祀仪式的局限，运用到国家政治生活和社会文化生活的方方面面。因此，陈戍国认为："所谓周公之礼，不过为了维护姬族统治的需要。这就是'礼以义起'"②。

---

① 王晓锋：《礼与中国传统政治体制制度》，陕西人民出版社2008年版，第2页。
② 陈戍国：《中国礼制史·先秦卷》，湖南教育出版社1998年版，第14～15页。

因此，从礼的起源发展分析来看，礼制的制定和实施有很强的政治性，即通过制定和规范全社会共同遵循的宗教信仰、思想观念和行为准则，以维护其统治者对所希望的既等级分明，又协调稳定的社会共同体长久统治。

6.1.3 "礼"的哲学

由礼的起源和属性可以看出礼的哲学表现出的三个方面：

第一是"天人合一"的宇宙观。原始社会时期，生产力低下，原始人对于自身周围世界出现的各种其无法解释的现象时，常将自身具有的生命力联系到自然物上，把人与自然物作为一体而考虑的。超自然的力量被当时的人们神秘化、人格化，然后当作神灵加以崇拜。最早的如自然崇拜、鬼神崇拜、祖先崇拜、天神崇拜等。崇拜的过程衍生了原始宗教信仰的行为和仪式——礼，以及其宗教意识和思想观念——"天人合一"（注：徐瑾博士认为在传统中国文化中，"天"从来都不是一个科学研究的（物质）对象，而是作为精神寄托乃至信仰膜拜的（情感的、精神的）对象，代表的是超越经验世界的天道，是世界的本体。① 申波博士认为从文化哲学的视域来看，古代人的思想观念表现为宗教意识，一切思想观念无不打上宗教意识的烙印，通过宗教意识表现出来，"天"就是古代中国人的宗教信仰②）。根据康中乾教授的研究③，与"礼"有很深渊源的"天人合一"观有如下两种：一是以孟子为代表的儒家学派，认为"天"既不是自然存在物，也不是"帝"或"神"，而是诸如"诚"、善"、"仁"等人的道德性。"天人合一"的过程就是"尽心—知性—知天"；二是以西汉董仲舒为代表，为人道

---

① 徐瑾：《论中西方"天人合一"思想的本质区别》，《北华大学学报》2011 年第 1 期，第 96 页。
② 申波：《"天人合一"与宗教意识》，《广西社会科学》2003 年第 5 期，第 49 页。
③ 康中乾，王有熙：《中国传统哲学关于"天人合一"的五种思想路线》，《陕西师范大学学报》2011 年第 1 期，第 43～52 页。

寻找一个必然依据，在阴阳、五行、五音、五味、五色、四季、四方等传统文化基础上，形成了天地万物、天与人、天的运行与人类社会运行三个层次的，具有阴阳五行的宇宙系统论色彩的"天人合一"观。

到宋代，经历了具有宇宙本体论思考的魏晋玄学和心性本体论的隋唐佛学洗礼后，儒家的继承者——理学家们对"天人合一"的思考有了更深的认识。通过北宋周敦颐、张载、邵雍、程颢、程颐的努力，至南宋朱熹而集大成。在朱熹的观点中，"理"是天地万物的本原，是天道和人道的统一，与事物的关系是"理一分殊"。而"理"与"礼"之间，"礼只是理，只是看合当恁地"①，礼是理应然的体现，也是天理体现于人间的秩序。朱熹将"礼"推到如此高度，其目的，以李泽厚先生的观点②，即建立这样一个观念公式："应当"（人世伦常）＝必然（宇宙规律）。在宋明理学努力下，"理"演化为伦理学本体，而"礼"所规定的人世伦常也升华到宇宙存在的必然性的地位和高度，等同于"天"。

第二是以"君臣父子"伦理为核心的道德观。"到了西周，礼虽然还有祭祀的一面，但人们把更多的精力转向了人事"③。通过"周公制礼"，礼完成了由宗教向伦理道德范畴的转变，并成为处理社会人伦关系的准则。礼以致用，其"用"有很强的目的性，即明确、协调、维护等级关系，以形成和谐有序的社会秩序。礼对于个人来说，就是自律；对于政治方面，就是治国；对于社会方面，就是协调。这三种目的结合在一起，形成了以伦理核心的礼的道德观。具体包括政治伦理和社会伦理，政治伦理以君臣关系为核心，社会伦理则以家庭伦理为核心。社会中的人根据其等级名分，在不同的人伦关系中，扮演不同的角色，

---

① （宋）朱熹：《朱子全书》，上海古籍出版社2002年版。
② 李泽厚：《中国古代思想史论》，三联书店2008年版。
③ 樊浩：《中国伦理精神的历史建构》，江苏人民出版社1992年版，第73页。

同时也享有着相应的权利和履行的义务。"君臣父子"即为名①，"君君，臣臣，父父，子子"，不同等级名分的人自觉接受礼的约束，按照各自的职责分工行事，不能有所逾越，这样社会就在统治者的期望之中和谐有序了。

　　第三是主客观相通，心智向内的认识论。社会的政治、经济、文化，乃至人们的生活习俗和思维方式影响着人的认识。传统的礼讲求"天人合一"，"天"为客体，人为主体。这种思想并不强求主体对本体的探索，但是注重主体和外部世界之间的沟通，通过内外交流达到和谐和统一，而交流主要是通过主体的修养而实现。客观相通，心智向内的认识论本质上是一种道德的认识论。其目的在于人的道德与"天"的统一，"天"不是单纯的客观事物，它是自然和社会的结合体，有着双重属性，既是社会运行规律，又是一种人生命运。主体在两者之间不是独立的，而是被定位早已安排好的"君臣父子"这样社会人伦关系之中，这样的人伦是"客"，代表着"天"，主体人能通过直观、内省、倾悟等办法去认识理解它。在这样的"主客"关系下，"天"既独立于本体人又存在于人之中，既掌握着人又被人所掌握。人通过"尽心"、"知性"向内追求"本心"的过程也就是向外"知天"的过程，这就如同孟子所说，"求放心"。礼所反映的认识论形成了遵循礼的原则，从"实用"出发，经过"格物"和繁杂的"内省"，最终达到"至善"、"内圣"目标，这一传统中国的认识论。

---

　　① 冯友兰：《中国哲学简史》，北京大学出版社 1985 年版，第 52 页。

6.2 基于礼的城市设计哲学

6.2.1 城市设计哲学

城市设计通过对城市公共空间下的人与人、人与自然、人与建筑、自然与建筑、建筑与建筑的关系谋划（手段），运用当时的工程技术等（法则），实现效用的最大化（目的）。这个过程是人基于生存和生活的需要，而对城市公共空间在观念上和实际中加以构造和组织的过程，是一个创造的过程，包含有能动性、创造性、目的、计划、价值和理想等概念的重要哲学范畴。因此，城市设计的整个过程其需要认识论和道德价值哲学为前提。加拿大建筑师 E·H·泽德勒所说的"建筑的变革归根到底是哲学观念的变革"，这一点对于城市设计来说也是如此。城市设计因人对公共空间和景观环境的需求、期望、意图而起，其最终目标并不在空间和环境上，而在人的本身，其最终体现的是"人类应当如何在公共空间中生存和生活"。城市设计的本质就是对人类生存方式和生活样态的抉择行为。如同所有的设计一样，城市设计同样最终要回答"我们存在于何处？"、"我们将走到哪里去？"这样一类问题，回答其对人类的终极目的和贡献。

依据梅映雪有关设计哲学的观点①，设计问题的哲学基础本身，是人的主体意识、文化意识的觉醒，并以人类需求的多样性和人类天性的多面性为目标。这些问题一一回答，最终也就是人的宇宙观、价值论和认识论的问题。

---

① 梅映雪：设计哲学引论，《河北师范大学学报》，2003 年第 7 期，第 51 ~ 53 页。

6.2.2　基于礼的城市设计哲学

通过对隋唐所定官学"九经"(《左传》《公羊传》《谷梁传》《周礼》《仪礼》《礼记》《易》《书》《诗》)中涉及城市营建具体事项的推导,可以推导基于礼的城市设计哲学。由表6-1可以看出,礼的哲学观深深地影响了城市营建,而作为中国古代城市营建制度典范的《考工记》更是《周礼》的重要组成部分,且为"九经"之一("九经"在隋唐时成为官学,可以说是中国古代学术的根本,后章节有专门分析),由此而总结出中国古代礼制思想的设计哲学观,即"天人合一"的宇宙观、重视"等级名分"的道德价值观、"主客相通"的认识论。其具体营建实践行为体现,如古代城市营建要进行占卜、相地等程序,建筑布置方位要符合天地运行的规律,以这样的形式,获得上天给予的信息,建筑的格局对应于天,从而达到"天人合一";建筑的等级要明确,体现高低贵贱并不可逾越,这样伦理的秩序在空间中就得到体现;通过符合"制"(理想的城市形制)的城市营建是能够实现"治"(社会和谐)的理想,反之则"乱"。

表6-1　"九经"文献中部分城市营建实例的礼制思想哲学观分析

哲学观	礼的哲学法则	城市营建实例的礼制思想
宇宙观	"天人合一"	"壬辰卜贞，更弓令司工"——胡厚宣《甲骨续存》
		召公既相宅，周公往营成周，使来告卜，作《洛诰》——《尚书》卷第十五《召诰第十五》
		周公曰"闻之文考，来远宾，廉近者，道别其阴阳之利，相土地之宜，水土之便，营邑制，命之曰大聚。"——《逸周书》卷四
		天子大社必受霜露风雨，以达天地之气也。是故丧国之社屋之，不受天阳也。薄社北牖，使阴明也。社所以神地之道也。地载万物，天垂象。取财于地，取法于天，是以尊天而亲地也，故教民美报焉。家主中溜而国主社，示本也。《小戴礼记》《郊特牲第十一》
		东风解冻，蛰虫始振，鱼上冰，獭祭鱼，鸿雁来。天子居青阳左个……仲春之月，日在奎，昏弧中，旦建星中。其日甲乙，其帝大皞，其神句芒。……天子居青阳大庙……季春行冬令，则寒气时发，草木皆肃，国有大恐……天子居明堂左个，……其器高以粗……——《小戴礼记》《月令第六》
道德观	"等级名分"	祭仲曰："都，城过百雉，国之害也。先王之制：大都，不过三国之一；中，五之一；小，九之一。今京不度，非制也，君将不堪。"——《左传》隐公元年
		"秋，筑王姬之馆于外。筑，礼也。于外，非礼也。筑之为礼何也？主王姬者必自公门出。于庙则已尊，于寝则已卑，为之筑节矣。筑之外，变之正也。筑之外，变之为正何也？……"《谷梁传》庄公元年
		君子之营宫室，宗庙为先，廏库次之，居室为后。——《曲礼下第二》
		天子七庙，三昭三穆，与太祖之庙而七。诸侯五庙，二昭二穆，与太祖之庙而五。大夫三庙，一昭一穆，与太祖之庙而三。士一庙，庶人祭于寝。——《小戴礼记》《王制第五》
		礼，有以多为贵者：天子七庙，诸侯五，大夫三，士一。有以大为贵者：宫室之量，器皿之度，棺椁之厚，丘封之大。此以大为贵也。有以高为贵者：天子之堂九尺，诸侯七尺，大夫五尺，士三尺；天子、诸侯台门。此以高为贵也。——《小戴礼记》《礼器第十》

续表

哲学观	礼的哲学法则	城市营建实例的礼制思想
认识论	"主客相通"	灵王为章华之台，与伍举升焉，曰："台美夫！"对曰"臣闻国君服宠以为美，安民以为乐，听德以为聪，致远以为明。不闻其以土木之崇高、彤镂为美……先君庄王为刨居之台，高不过望国氛，大不容宴豆，木不妨守备，用不烦官府，民不废时务，官不易朝常。……故先王之为台榭也，榭不过讲军实，台不过望氛祥。故榭度于大卒之居，台度于临观之高。其所不夺穑地，其为不匮财用，其事不烦官业，其日不废时务。瘠硗之地，于是乎为之；城守之木，于是乎用之；官僚之暇，于是乎临之；四时之隙，于是乎成之。故《周诗》曰：'经始灵台，经之营之。庶民攻之，不日成之。经始勿亟，庶民子来。王在灵囿，麀鹿攸伏。'夫为台榭，将以教民利也，不知其以匮之也。若君谓此台美而为之正，楚其殆矣！……且夫制城邑若体性焉，有首领股肱，至于手拇毛脉，大能掉小，故变而不勤。地有高下，天有晦明，民有君臣，国有都鄙，古之制也。——《国语》卷十七《楚语上》

6.3 礼制思想的设计思维方式

思维方式是指在人类社会发展的一定阶段上，思维主体按照自身的特定需要与目的，运用思维工具去接受、反映、理解、加工客体对象或客体信息的思维活动的样式或模式，本质上是反映思维主体、思维对象、思维工具三者关系的一种稳定的、定型化的思维结构①。思想的功能发挥，需要在人的头脑中建构起一种思维方式，尔后，主体才能运用这一思维方式去理解和把握对象世界。就哲学而言，也需要通过建构某种特定的思维方式，成为观念世界中的一种稳定的认知结构、审美结构、价值结构等，主体依此实践，从而建构起某种特定的文化体系。依据高晨阳教授的研究②，思维方式在内容上大体为认知结构、价值结

---

① 高晨阳：《中国传统思维方式研究》，山东大学出版社1994年版，第3页。
② 高晨阳：《中国传统思维方式研究》，山东大学出版社1994年版。

构、思维方法三个方面内容。

6.3.1 认知结构——知识结构

认知结构，简单来说就是人的知识结构。十六世纪英国伟大的诗人弗兰西斯·培根说过"知识就是力量"。知识之于人如此重要，但知识到底是什么？《辞海》中定义：知识是人们在实践中积累起来的经验。知识从本质说是认识的范畴。从认识论上分析，就其内容而言，知识就是客观事物的属性和联系的反应，是客观世界在人脑中的主观印象；就其形式而言，表现为主体对事物的感性知觉或表象，属于感性知识，表现为关于事物的概念或规律，属于理性知识。同时，知识在形式上总是以概念的形式固定下来，并在人类大脑中按照配置比例、相关程度和协同关系组织起来进而形成概念体系和知识结构。而对于思维方式来说，知识结构是构成思维方式的基础，是思维方式之所以得以生成的直接的、基础性的要素[1]。要理解人的思维方式就不得不去了解其知识结构。

国内外学者对知识结构的研究已有很多，较为认同的是"知识结构指知识体系（包括知识系列）在求知者头脑中的内化，也就是客观知识世界经过求知者的输入、储存、加工，而在头脑中形成的由智力联系起来的多要素、多系列、多层次的动态综合体"[2]。同时，现代的知识结构多是在学科分类基础上建立的学科知识结构。因此，通过整体的学科体系可以看出整体的知识结构。

根据 1997 年国务院学位委员会的划分，中国现在的学科体系共分三个层次，12 个学科门类、80 学科大类、800 多专业。学科门类主要包括：哲学、经济学、法学、教育学、文学、历史学、理学、工学、农学、医学、军事学、管理学。此学科体系的划分方法主要是基于学科发

---

[1]　张瑞忠：《思维方式研究概述》，《哲学动态》1996 年第 2 期。
[2]　王通讯：《论知识结构》，北京出版社 1986 年版，第 23 页。

展趋势来进行分类的。当然，一个人不可能掌握所有学科的知识，他只能根据自己的兴趣和专业去选择不同种类的学科知识形成自己的知识结构。

就个体而言，马洪认为一个人的知识结构应由下列三个层次构成：第一个层次是本学科的专业知识，包括掌握本学科的概念体系、理论体系、研究方法、研究工具、基础资料，以及了解本学科的历史演变，研究本学科的现状和它的发展前景等等。第二

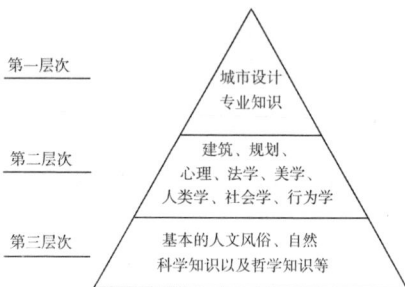

图 6-1　城市设计学知识结构图

个层次是相关学科的知识。以经济学为例，相关的学科的知识应包括，如哲学、政治学、法学、历史、数学和有关的技术科学等等。第三个层次是一般知识，比如基本的人文风俗、自然科学知识以及哲学知识等①。这一观点同样可以转化为某一专业的知识结构。因此，现代城市设计学的知识结构可以体现为如下（图 6-1）。

这一观点也让我们从中国古代知识结构体系去分析中国古代城市设计思维方式的内因有了可能。

6.3.2　以"礼"为核的传统中国知识体系

中国传统的知识结构是中国古代人们在长期的劳动实践中逐渐形成的，是人们认识和改造世界过程中凝结起来的精神财富。周代可以说是中国传统知识发展的一个标志性阶段。此时，中国的传统知识已有了一个初步的结构体系。《周礼·保氏》曰："养国子以道，乃教之六艺：一曰五礼，二曰六乐，三曰五射，四曰五驭，五曰六书，六曰九数"，

————————

① 王通讯：《论知识结构》，北京出版社 1986 年版，第 28~33 页。

这段话的意思就是，教育公卿大夫之子弟的办法，就是告诉他们掌握六艺的知识，即礼节、音乐、射箭、驾驭马车、书法、算术。这段话说明，周代的时候，知识体系分为了礼仪、音乐、射箭、驾马、书法和算术六大内容，这一分类方式一直影响了数千年中国传统文化的分类。至汉代，大儒董仲舒在《举贤良对策》中提出，"诸不在六艺之科孔子之术者，皆绝其道，勿使并进主导"，于是"废黜百家、独尊儒术"，并将"六艺"重新约定为：《易》、《书》、《诗》、《礼》、《乐》、《春秋》，即《易经》、《尚书》、《诗经》、《礼记》、《乐经》、《春秋》六经。汉代"以经代艺"的结果是一方面树立中国传统的以"儒学经典"为核心的知识结构体系，另一方面也使中国传统知识结构范围固态化、狭隘化，不利于知识结构进一步的扩充与派生。这也是工程技术类知识在中国古代长期难以发展的重要原因。

隋唐时期，知识结构在汉代的基础上进一步细分，《春秋》分为"三传"，即《左传》、《公羊传》、《谷梁传》；《礼经》分为"三礼"，即《周礼》、《仪礼》、《礼记》。加上《易》、《书》、《诗》，这一起并称为"九经"。同时，统治者以"九经"为内容，开创了中国式科举考试，"整个知识、思想与信仰的世界，被'考试'这种所谓的智力较量所控制"①，天下英雄尽入其彀中。至南宋朱熹，九经进一步发展为十三经，并分为四类：经、传、记、注。《易》、《诗》、《书》、《礼》、《春秋》属"经"，《左传》、《公羊传》、《谷梁传》属《春秋经》之"传"，《礼记》、《孝经》、《论语》、《孟子》属"记"，《尔雅》为训诂。其中，以"经"类的地位最高，"传"、"记"次之，《尔雅》又次之，各类知识主次明确，层次清晰。

---

① 葛兆光：《中国思想史》（第2卷），复旦大学出版社2007年版。

表 6-2　中国传统知识结构发展（官学）表

时期		知识结构（官学）	备注
周（秦）	六艺	礼、乐、射、御、书、数	《周易》：占卜之书，内蕴哲理至深至弘。《尚书》：上古历史文件汇编，主要内容为君王的文告和君臣谈话记录。《诗经》：诗歌集，有土风歌谣、正声雅乐和上层社会宗庙祭祀的舞曲歌词。《周礼》：汇集周王室官制和战国时期各国制度。《仪礼》：记载春秋战国时代的礼制。《礼记》：秦汉以前有关各种礼仪的论著汇编。《春秋》三传：是围绕《春秋》经形成的著作《论语》、《孟子》：孔、孟及其门徒的言行录。《孝经》：论述封建孝道的专著。《尔雅》：训解词义，诠释名物
		内容：礼仪、音乐、射箭、驾马、书法和算术	
汉、三国、两晋	六艺（六经）	易、书、诗、礼、乐、春秋	
		内容：《易经》、《尚书》、《诗经》、《礼记》、《乐经》、《春秋》（其中《乐经》已遗失）	
隋、唐、五代、北宋	九经	易、书、诗、礼、春秋	
		内容《易经》、《尚书》、《诗经》、《周礼》、《仪礼》、《礼记》、《左传》、《公羊传》、《谷梁传》、	
南宋（元）、明、清	十三经	经、传、记、训诂	
		内容："经"有《易》、《诗》、《书》、《礼》、《春秋》"传"有《左传》、《公羊传》、《谷梁传》、《礼记》"记"有《孝经》、《论语》、《孟子》训诂有《尔雅》。	

从表 6-1 可以看出，自汉代董仲舒"独尊儒术"后，中国的知识结构（官学）在《周礼》六艺的基础上开始进入了一个比较窄的范围。以现代学科视角就其内容分析，中国的知识结构（官学）就是以《易》《诗》《书》《礼》《春秋》内容为核心的，其他知识予以阐释或者补充这一核心的伦理学和语文学。

当然，仅以此来概括传统中国的知识结构体系是不全面的。在中国传统社会历朝历代的官学知识体系之外还是存在其他知识的。下面以各时期类书目录的知识分类进行其知识结构分析。

表6-3　类书目录的官学分类结构表

时期	著作	知识分类结构	备注
秦汉	《尔雅》	物之属:《释天》、《释地》、《释山》、《释水》、《释草》、《释树木》、《释鸟》、《释兽》、《释鱼》,器之属:《释器》、《释官》、《释乐》 事之属:《释亲》 文词之属:《释训》、《释言》	按照对象特征分类,内容涵盖部分自然、人造物品、伦理、语言。共19篇内容有限。
唐	《北堂书钞》虞世南编	分十九部,为帝王、后妃、政术、刑法、封爵、设官、礼仪、艺文、乐、武功、衣冠、仪饰、服饰、舟、车、酒食、天、岁时、地	大致按效用分类
	《艺文类聚》欧阳询主编	分二十三部,为天、岁时、地州郡、帝王、后妃、储宫、礼、乐、职官、封爵、治政、刑法、杂文、武部、军器、居处、产业、衣冠、服饰、山、水、符命、人	大致按效用分类
宋	《太平御览》李昉编	以天、地、人、事、物为序,分五十五部,为天、时序、地、皇王、偏霸、皇亲、州郡、居处、封建、职官、兵、人事、逸民、宗亲、礼仪、乐、文、学、治道、刑法、释、道、仪式、服章、服用、方术、疾病、工艺、器物、杂物、舟、车、奉使、四夷、珍宝、布帛、资产、百谷、饮食、火、休征、咎征、神鬼、妖异、兽、羽族、鳞介、虫豸、木、竹、果、菜茹、香、药、百卉	根据《周易》"凡天地之五十有五",表明内容包罗万象的意思。天、地、人、事、物为序,每类下面再按经、史、子、集顺序编排。
明	《永乐大典》	包括经、史、子、集、佛经、道藏、医书、方志、平话、戏典、小说、工技、农艺	内容极为丰富。基本按经、史、子、集分。
清	《四库全书》	经部:"十三经"及相关著作,易、书、诗、礼、春秋、孝经、五经总义、四书、乐、小学; 史部:收录史书,正史、编年、纪事本末、别史、杂史、诏令奏议、传记、史钞、载记、时令、地理、职官、政书、目录、史评; 子部:收录诸子百家著作和类书,儒家、兵家、法家、农家、医家、天文算法、术数、艺术、谱录、杂家、类书、小说家、释家、道家; 集部:收录诗文词总集和专集等,楚辞、别集、总集、诗文评、词曲	按经、史、子、集分。

从各类书（表6-3）的知识分类结构来看，中国传统知识结构主要特点有如下：

（1）中国传统知识结构十分注重实用。各部类很多知识直接以功能分类。

（2）中国传统知识结构内部缺乏严密逻辑分类。以经、史、子、集为代表的知识结构不存在属种关系。

（3）中国传统知识结构是以"伦理道德"为核心，统领全局。经、史、子、集之间以经部，特别经书类如《易》《诗》《书》《礼》《春秋》等，作为整个知识体系的统领和灵魂。史部和子部主要是涉及经济生产和政治生活的各种实用知识，这些知识为"经"所讲述的伦理道德提供物质保障。集部的各类文学作品则是对各种抽象的伦理命题做进一步阐释。

因此，可以说中国传统知识体系，发乎《周礼》的分类，并以《易》《诗》《书》《礼》《春秋》所描述的伦理作为知识体系的核心，辅之以实用技术与美的知识，所形成的一套结构庞大、体系宏伟的"文化"知识体系。之所以为"文化"知识体系而不是"科学"知识体系，是因为"科学须运用普遍的思维规定，这种思维规定只能靠形而上学亦即纯哲学来提供，真正的科学，其产生和发展只能以那些纯粹思维规定为对象和内容的纯哲学为前提"①，而这些都是中国古代知识所不具备的，如中国古代"六艺"之一的算术，历经数千年发展也不能抓住任何一个具有超越感觉的客观自在意义的纯思想规定，从而始终停留在感觉经验的堆积上而不能发展为纯数学。正是基于此，黑格尔就曾认为古代中国"科学"只是实用经验，在中国"能够称为科学的，仅仅属于经验的性质，而且是绝对地以国家的'实用'为主——专门

---

① 卿文光：《论黑格尔的中国文化观》，社会科学文献出版社2005年版，第364页。

适应国家和个人的需要"①。当然，黑氏的观点也遭到许多学者的批判，李约瑟就认为，科学是"中国和其他国家一起参加的一种全球性的事业"，"中国科学技术与欧洲的一样值得研究、赞美"②，古代中国的科学与西方科学只有性质、方向不同而无高低之分。但现代科学产生于西方而非东方却是不争的事实。

6.3.3 传统中国知识体系下城市营建的知识结构

中国古代没有现代学科的分类，其城市设计思想是包含于古代营建思想之中，所以要研究中国古代城市设计思想就要研究中国古代营建思想。中国古代有关城市营建文献有很多，通过对文献的归类，可以反映出进行城市营建所具备的知识结构。以《中国古代建筑文献选读》③ 中涉的文章以及《四库全书总目提要》④ 涉及古代城市建设的书籍进行古代知识体系归类分析，如下表 6 - 3，6 - 4

---

① （德）黑格尔，张作成、车仁维译：《历史哲学》，北京出版社 2008 年版，第 139 页。

② （英）李约瑟：《中国古代科学思想史》，陈立夫等译，江西人民出版社 1999 年版，第 183 页。

③ 李合群：《中国古代建筑文献选读》，华中科技大学出版社 2008 年版。

④ （清）纪昀等：《四库全书总目提要》，中华书局 1965 年影印本。

表6-4 《中国古代建筑文献选》中文献著作归类表

时期	部类		著作	文献	备注
先秦	经	书类	《尚书》	顾命	
		诗类	《诗经》	定之方中、斯干、灵台、绵、文王有声	
		礼类	《周礼》	司市	
		礼类	《礼记》	月令、郊特牲、祭法第、明堂位第十四	
		礼类	《仪礼》	士冠礼	
		礼类	《考工记》	(专文)	集中论述营国思想
		春秋	《春秋》	春秋左氏传、春秋公羊传	
		小学	《尔雅》	释宫	
	子	杂	《墨子》	辞过、备城门	
		法	《管子》	立政第四、乘马第五	
		道	《庄子》	让王篇	
		法	《韩非子》	内储说左上	
秦汉	史	地理	《三辅黄图》	咸阳古城、袁广汉筑园	
	史	正史	《史记》	阿房宫、秦始皇治陵、齐都临淄	
	集			鲁灵光殿赋、两都赋、二京赋	
魏晋南北	集			蜀都赋、芜城赋	
	子	小说	《西京杂记》	昭阳殿	晋葛洪著
	史	载记	《邺中记》		晋陆翙著
	史	地理	《水经注》	魏都平城、函谷关、孔庙	
	史	别史	《洛阳伽蓝记》		北魏杨衒之著
隋唐	集			东都（唐杜宝）、安济桥铭（唐张嘉贞）、蒲津桥赞（唐张说）、大明宫（唐韦述）、柱础赋（唐王諲）梓人传、柳州东亭记（唐 柳宗元）、庐山草堂记、池上篇（唐白居易）	<梓人传>反映唐代房屋建造的分工情况
	史	地理	《大唐西域记》	邑居	唐玄奘

时期	部类		著作	文献	备注
	史	正史	《隋书》	六合城	
	史	职官	《唐会典》	营缮令	建筑营建条文
宋元	子	杂家	《梦溪笔谈》录	《木经》营舍之法、赫连城（官政）、梵天寺木塔（技艺）	（北宋喻皓）
	史	政令	《营造法式》		
	集			袁州厅壁记（五代刘仁赡）、独乐园记（北宋司马光）、黄冈竹楼记（北宋王禹）、过街塔铭（元欧阳玄）、重建长桥记	
	子	杂	《南村辍耕录》	宫阙制度	元末明初陶宗仪
	史	正史	《宋史》	舆服志（宋官方规定的建筑等级制度）	
	史	地理	《东京梦华录》	东京外城、大内	北宋孟元老
	子	兵	《武经总要》	守城	北宋曾公亮
明清	子	杂	《园说》		计成
	子	术数	《鲁班经》		午荣
	子	杂	《长物志》	室庐	明文震亨
	子	杂	《一家言》	房舍第一	（清李渔）
	子	小说	《扬州画舫录》	照春台、工段营造录	（清）李斗
				安澜园记、重修岳阳楼记、万寿山昆明湖记（清）乾隆	

表6-5　《四库全书总目提要》涉及建筑文献归类分析表

部类属			涉及建筑文献分析	部类属			涉及建筑文献分析
经部	易类		比较重要并相对集中的类别首先就是礼类和小学类。周礼属:《考工记》礼记属:讲述明堂制度的《明堂位》仪礼属:《朝庙宫室考》(任启运);三礼总义属:《三礼图》(宋聂崇义,周王城图出处)小学训诂属:《尔雅·释宫》此类书主要在解释宫室建筑以及与之有关的道路、桥梁等的名称。易类则包含古人的环境观其他类中书籍都有涉及有关建筑描写的文献,但关大要的不多。	子部	儒家		术数和类书类是收录建筑文献最集中、最直接的部类。其中术数收录了很多风水相地等相关知识。杂家:《艺林汇考》、《春明梦余录》、《长物志》、《木经》、《鲁班经》、《园冶》等其他类书属都有涉及建筑的描述,但较三且非专门叙述。
	书类				兵家		
	诗类				法家		
	礼类	周礼、礼记、仪礼、三礼总仪、通礼、杂礼书			农家		
					医家		
	春秋类				天文算法	推步、算书	
	孝经类				术数	数学、占候、相宅相墓、占卜、命书相书、阴阳五行	
	五经总义类				艺术		
	四书				谱录		
	小学	训诂、字书、韵书			杂家		
	乐类				类书		
					小说家		
					释家		
					道家		
史部	正史		史部大部分类别的书籍都有比较集中的建筑记载,是四部中涉及最多的部类。政书考工属:《营造法式》(工部有关的建筑工程做法和料例)政书仪注属:《庙制图考》,(记述上溯秦汉下迄元明的庙制沿革及图)、《明宫史》(记当时的宫殿、楼台等)职官官制属:《工部则例》、《工部续增则例》地理类总志属、都会郡县属外记、游记属:《历代帝王宅京记》、《三辅黄图》、《洛阳伽蓝记》、《六朝事迹类编》、《游城南记》等(地方志所记地方城池、建筑情况十分完备)、其他属均有涉及但较为分散	集部	楚辞		别集:《昭明文选》,(描写齐梁及其以前城市和建筑的赋作)
	编年				别集		
	纪事本末类				总集		
	别史				诗文评		
	杂史				词曲	词集	
	诏令奏议	诏令、奏议				词选	
	传记	圣贤、名人、总录、杂录				词话	
	史钞					词谱词韵 南北曲	
	载记						
	时令						
	目录	经籍、金石					
	地理	宫殿簿、总志、都会郡县、河渠、边防、山水、古迹、杂记、游记、外记					
	职官	官制、官箴					
	政书	通制、仪注、邦计、军政、法令、考工					

由上表可以看出,发乎《周礼》的中国古代知识体系下的古代营建知识结构:

(1) 中国古代营建核心知识来源于经部礼类,特别是《周礼·考工记》中的知识。由于该知识属于"十三经"中的内容，因此该知识也是中国古代大多数的士大夫们所熟知和掌握的营建知识。围绕这一核心知识，小学类训诂对于城市营建类词汇进行了大量的分析和注释，而其他类知识也有相应描述。

（2）中国古代营建成体系的专业知识是以工程法则的形式存在，并多记载在史部政书中。政书主要是记载各朝故事、仪注、刑法等知识的书，分通制、仪志、邦计、军政、法令、考工六属。建筑工程做法和料例一类的图书就划归在考工之属，如《营造法式》就在考工之属。这些内容主要是通过主管营建的工部来执行。这一点类似于现代的工程法律、法规。

（3）中国古代城市营建的工程技能知识包含于术数和各种杂家学说之中。"废黜百家、独尊儒术"之后，中国古代知识体系整体偏向人文而轻工程技术，如重视自然和生产技术墨家学说，春秋时与儒家同为"显学"，但汉以后就被列为杂家类。工程技术问题往往被汉以后的士大夫们当作奇技淫巧而不耻，偶而为之纯属有闲情雅趣时的娱乐，如《园冶》、《长物志》等等。

（4）与中国古代营建有关的有记载的文献，体现的知识结构主要是针对城市营建管理，侧重于管理的实用性。从现已发现的古代文献来看，先秦时期城市营建已经有了较为完善的管理制度（《考工记》实为管理制度书）。一直到宋代，城市营建的技能知识才有专门详

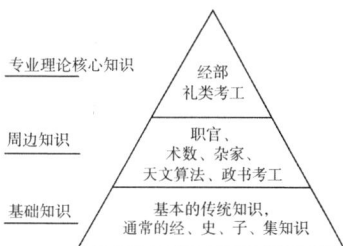

图 6-2 古代城市营建知识结构图

细的记载，并形成"法式"用之于管理。正如"进新修《营造法式》序"中所言："……而斲轮之手，巧或失真；董役之官，才非兼技，……弊积因循，法疏检察。非有治'三官'之精识，岂能新一代之成规……"，为了不让营造管理与营造实践脱节，造成疏漏，所以对营造实践

内容进行了细致的规定，从而强化了管理。修编《营造法式》的其目的不是为了技术发展而是为了管理的标准化。

以上的营建知识结构可以表示如图 6–2。

通过知识归类可以清楚的看到，在中国古代没有明显的学科分类情况下，从事营建管理（包含设计内容）的知识分子，不但应具备官学体系知识（进入官员管理体系必备知识），还应通过营建实践掌握营建管理的周边知识（专业知识），从而才具有较强的专业素养，与一般的古代知识分子有所不同。如隋长安的规划设计者、历任隋王朝的将作大匠、工部尚书、金紫光禄大夫等要职的宇文恺，在《隋书》中就被认为"博览记书"、"多伎艺"、"有巧思"①。而作为城市营建的施工者——匠人，由于身份等级低下，无法接受官学体系知识系统学习，因此很难跨入营建管理体系，数千年的历史入官的匠人寥寥可数（明代徐杲之前有过较多入官的情况）。

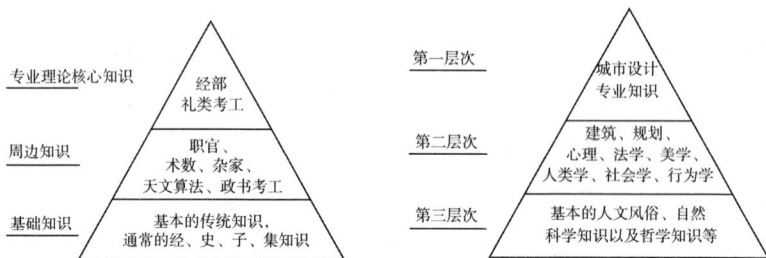

图 6–3　古代城市营建与现代城市设计知识结构比较

注：因古代匠人的知识一般通过言传身教，很少有书面形式传播，所以难以分析，故本节未进行相关叙述。

---

① 李书钧：《中国古代建筑文献注译与论述》，机械工业出版社 1996 年版，第 253 页。

6.4 "礼"的设计思维方法

6.4.1 思维方法

思维方法或思想方法，是人们思考问题、主体认识客体，在思维中反映和把握客观现实的方法①。思维方法是思维方式最基本的组成部分，是思维的具体路线，没有一定的思维方法，主体就不可能对客体复杂多样的信息进行归纳、抽象、加工和改造，也不可能进行新的创造。

从其哲学属性来看，思维方法是属于主体而非客体的精神行为，是客观性和主观性的辩证统一。只有思维方法成为思维主体对思维对象发生作用的中介，人们才有了思维加工的工具和手段，才能达到一定的思维目的。

依据高晨阳教授的观点②，思维方法可分为四个不同层次，即个别的具体科学思维方法、一般科学思维方法、逻辑思维方法和哲学思维方法。个别的具体科学思维方法指在某一具体科学领域中所运用的方法，它是由认识对象的特殊性所决定的特殊方法。例如数学、物理、化学等等。一般科学思维方法是指适用于各个科学领域的方法，如数学方法、因果分析方法、概率方法等等。逻辑思维方法即理论思维的一般方法，它是对经验认识得来的大量材料进行思维的加工，从而形成概念、作出判断和进行推理的方法。哲学思维方法是哲学的原理、范畴以及把这些原理、范畴转化为思维方法。这四个层次的思维方法，从个别的具体科学思维方法到哲学思维方法，其适用的普遍性越来越大，抽象程度越来

---

① 张国祺：《论思维方法的现代化》，《四川大学学报》（哲学社会科学版）1988 年第3 期。

② 高晨阳：《中国传统思维方式研究》，山东大学出版社 1994 年版。

越高。其中哲学思维方法是最高层次的，具有最普遍的适用性。

根据思维的基本单元或形式，思维方法还可以分为如下三类：抽象思维方法、形象思维方法和灵感思维方法，它们是思维方法的基本类型。抽象思维方法即逻辑思维方法指在认识活动中运用概念、判断、推理等思维形式，对客观现实进行间接的、概括的反映的思维方法。属于理性认识。形象思维方法是指对形象信息传递的客观形象体系进行感受、储存的基础上，结合主观的认识和情感进行识别（包括审美判断和科学判断等），并用一定的形式、手段和工具（包括文学语言、绘画线条色彩、音响节奏旋律及操作工具等）创造和描述形象（包括艺术形象和科学形象）的一种基本的思维方法。灵感思维方法指凭借直觉而进行的快速、顿悟性的思维方法，是逻辑性与非逻辑性相统一的理性思维方法。科学研究的思维过程应该是抽象思维方法、形象思维方法和灵感思维方法三种思维方法有机的统一。

思维方法受到社会实践的规模和水平的制约，并随着社会实践活动方式的发展而演化。所以，思维方法的发展有一个从无到有、由低级到高级、由简单到复杂的进程。一定时代思维方式的特征及其类型在很大程度上就体现在该时代的思维方法的有机结合上。

6.4.2　礼反映的思维方法

礼的思维方法的体现，一方面主要是通过典籍中的事物逻辑体现，另外一方面则在主体执行礼的过程中体现。前者可谓是礼的制定者的思维方法，后者则是礼的执行者的思维方法。两者之间既有联系又有区别。

就制定者而言，其思想方法受当时的历史条件所限制，与其制"礼"的目的有直接关系。一方面，以"六经"成书时代来看，根据考古和经学研究者的判断，《易经》大体成书于西周初年，由当时的宗教巫术特别是卜筮之官和兼掌卜筮之事的史官采辑、订正、增补、编纂而成。《书》为商周王室的档案文献汇编，多出于史官之手，又主要由他们保存并编集成册。《诗》的编辑也得益于周王室对诗歌的重视，得益于王室官员对诗歌的采集、汰选、加工、编辑并合乐。《礼》、《乐》更是周王室制礼作乐的结果。而《春秋》的前身则是鲁国史官所做的编年史①。刘师培就认为"六经"之中，"《易经》者，哲理之讲义也；《诗经》者，唱歌之课本也；《书经》者，国文之课本也；《春秋》者，本国近世史之课本也；《礼经》者，修身之课本也；《乐经》者，唱歌课本以及体操之模范也"②。因此，祭祀文化和早期的礼乐文化时代（西周之前），礼的主要内容就是行礼过程所体现出的仪式，以及条理次序，区别亲疏、美化装饰等等，也就是原始宗教祭祀的延续。这一实质内容决定了当时的礼的思维方法实质就是一种宗教的思维方法，一种既包含有形象思维又有理性思维的特殊思维方法。杨楹认为其特殊性"主要表现在六个方面：（1）信仰式思维；（2）教条式思维；（3）情感性思维；（4）主观与客观、内在尺度与外在尺度倒置的思维；（5）求意义性的思维；（6）封闭式思维"③。

另外一方面，作为垄断、控制天人沟通和社会政治权力的制定者，为了把政治权力纳入知识化的状态，稳定其所期望的社会结构和权力，使"思想"从实用的、具体的、分散的意识活动中游离出来，于是，一方面提升"礼"为具有普遍性、指导性的主流意识形态的"观念"；另一方面演化"礼"为制度性的可操作的"知识"。周公制礼的目的就是"政教合一"，《周礼》既有祭祀的内容又有国家管理制度的内容也正好证明了这点。制定者自己很清楚"礼"的真实性和价值，其合法性是以信仰者的蒙昧或不知情为前提条件。只要有人相信，礼乐的这些

---

① 张涛：《20 世纪上半期儒家经典研究述略》，《山东大学学报》（哲学社会科学版）2002 年第 6 期，第 29 页。

② 刘师培：《刘申叔遗书》，江苏古籍出版社 1997 年版，第 2075～2076 页。

③ 杨楹：《解读"宗教"的新视角—宗教思维方式探究》，《学术界》2000 年第 4 期，第 55 页。

仪式、规则就有价值。如《礼记·祭礼》所言，"因物之情，制为之极，明命鬼神，以为黔首则，百众以畏，万民以服"。礼的重要在于教化百姓，维持自己的统治，至于他们自己信否则是次要的。为使人相信《礼》，制定者在编写过程中，还是费了很多心思，其一就是强化"神道设教"排斥理性思维，其二以礼的世俗化迎合世人的实用性思维，其三以伦理逻辑作为其合理性解释。

就执行者而言，由于处于受众的位置，信息和地位的不对等，因此往往为"礼"文所限，这样，其思维一方面呈现宗教思维的特点外，还有最典型特点就是经学思维，这种思维方式的基本特征是在观念上把传统视为绝对权威，同时又外化为一种具有明确形式的经学模式，表现出强烈的崇古与复古的思维倾向。它一方面随着时代的演进而不断地改变着自己的表现形态，另一方面很难超越自身而实现根本性的变革更新，在历史形态上呈现为一种极为稳定、封闭性的自我整合机能①。

整体而言，礼所运用的思维方法主要有直觉思维、意象思维和经学思维方法，所反映的思维方式有宗教的基本倾向。直觉思维与逻辑思维相对，具有直观性、直接性、跳跃性、整体性、非逻辑性等特点，以"体认"与"意会"作为沟通主体与客体的基本方式和手段。意象思维与抽象思维相对，以带有感性、直观的形象的概念作为思维元素或工具而进行思维活动，主体在把握对象事物的联系时，又以经验性的类比推理方式为主，往往带有直观、感性的特点。经学思维更具有鲜明的民族特色。中国古代思维家把沟通天人关系的圣人之道视为是最高真理，认为在圣人的经典中就蕴藏着关于它的信息，由此形成了一套独特的、系统的、经学式的思维方法和学术方法，表现为强烈的重传统的思维倾向，具有浓郁的"崇古"、"复古"的思维特征。

---

① 高晨阳：《中国传统思维方式研究》，山东大学出版社 1994 年版。

6.4.3 礼所影响的城市营建思维方法

古代的城市营建思维方法是指古代人们思考和解决城市营建问题、在思维中反映和把握城市的方法。对于重礼的中国古代，城市营建活动同时也是礼的思维方法的实践运用。以《周礼·考工记》的内容来看，礼所反映的城市营建思维方法有如下几个特点：

（1）形象思维

形象思维是用表象来进行分析、综合、抽象、概括的一种思维形式。其特点是：不以实际操作、抽象要领为思维中信息的载体，而主要是以直观的知觉形象、记忆的表象或想象的表象为载体来进行思维加工、变换、组合或表达。《考工记》中王城模式的九宫格图形体现了中国古代的宇宙观，地为方，宫殿居中，四个方位象征了不同的神兽、颜色、属性等。强调南北中轴子午线，将天地日月、祖先社稷诸神位按照理想方位来布置。同时也确定了尊卑序列，将宫殿、政府、公共建筑和不同等级的住宅分别定位在独立而封闭的城市空间内，一次性地在正交平面中将空间结构定位，反映了一种不可更改的等级制度。可以说，《考工记》王城图有强烈象征意义的政治图形。

（2）宗教思维

《周礼》形成的时代既是"礼乐文明"开始的时代，也是"政教合一"的时代。因此，在城市营建的过程中，宗教思维也就不可避免。信仰式思维、教条式思维、情感性思维、主观与客观、内在尺度与外在尺度倒置的思维、求意义性的思维、封闭式思维这些宗教思维特点都有体现。如"左祖右社"的宗教祭祀空间在王城模式的九宫格中就占了两格，其分量仅次于宫城。

（3）定量思维

定量思维就是在处理问题时不仅做出概略、定性的结论，还要采用各种数学语言和数学工具使问题得到定量的精确的表述，并通过定量分析求得问题的"精确解"。为了便于管理和操作，周代的用于农耕土地井田方格网划分方法被运用到《考工记》王城用地模数中①。边长9里（约今3742m），面积81平方公里（约今14平方公里）。六组主干道将城市分为9个方格，每格边长近3里（约1247m）正中一格为宫城。然后再用间距1里的次干道将剩余的8格比较均匀地划分为64个街坊，这些街坊大都为两种尺寸：1周里（约合今415.8m）×1周里；1周里×1.5周里（约合今623.7m），街坊划分模数1周里。面积分别为17.3hm2和25.9hm2（图4）。其中，城市的土地的分割以"里"为单位，里既是井田制土地丈量的单位，也是居民编民制度的一个基本组织单位。每里容纳8闾，1闾由25户组成。一辆战车需要配备25人，每户一人服兵役，1闾的编户正好可以组成一辆战车的小组。由此可见闾里是与基本生产、战斗小组相对应的聚居单位，而这种土地分割的方式与尺度是为了便于统治阶级的编民管理。民是被按照编制塞进统一街坊中的被管理对象，街区规划的强制性一目了然。

（4）经学思维

经学思维是中国古代所特有一种思维。主要指以解经注经的方式来阐发思想的方法。这种思维方式习惯于凡事都要到以往的经典中去寻找一个根据、一个说法。这种思维往往与创造性思维中打破常规、开拓创新的思维形式相对立。经学思维中将《周礼·考工记》这一经学典章奉为其设计合理性的重要来由。

表6-6　典型城市设计礼制思维方法

典型城市设计 礼制思维方法	主要特点
形象思维方法	以直观的知觉形象、记忆的表象或想象的表象为载体来进行思维加工、变换、组合或表达

---

① 贺从容：《〈考工记〉模式与希波丹姆斯模式中的方格网之比较》，《建筑学报》2007年第2期，第67页。

典型城市设计 礼制思维方法	主要特点
宗教思维方法	信仰式、教条式、情感性、主观与客观、内在尺度与外在 尺度倒置，求意义性、封闭式思维
定量思维方法	通过各种数学语言和数学工具使问题得到定量的精确的表 述，并通过定量分析求得问题的"精确解"，最后做出概 略、定性的结论
经学思维方法	寻经典、照古例、依旧制

小结：

思维方式决定着人的实践，随着人的实践发展和人们认识水平的提高，思维方式也在不断变化。数千年来，中国古代城市设计礼制的思维方式深刻的影响了古代城市营建实践。同时，在不断地营建实践中所掌握的经验，又进一步完善着中国古代城市设计礼制的思维方式。从思维方式角度深刻剖析城市设计礼制思想的成因，对了解古人城市营建行为动机和来由有着极其重要的作用，其设计逻辑可见一斑。

7 结 语

　　通过以上章节对宋元明清时期城市设计礼制思想的论述，总体来看，从宋代开始，中国古代宗法礼制社会发展到鼎盛时期。在政治上，由贵族门阀垄断权力逐步走向君主集权；在经济上，庄园地主逐步为小农经济所取代，商品经济迅速发展；在思想上，理学的兴起使儒家思想脱胎换骨，礼制被统治者推崇到一个新的高度；在社会生活上，城坊制崩溃，文化也成为市民的消费品。此背景下，城市空间和景观环境得以重构。中国古代城市设计礼制思想也进入了一个新的发展时期，并逐渐形成了新的内容，影响着此时期的城市空间和景观环境变化，而到明清时期，随着社会经济不断发展，以及城市管理手段的提高，这种思想也日臻于完善，终成大成。

7.1　宋元明清城市设计礼制思想的主要内容

（1）"君权至上"

　　中国古代城市设计礼制思想自产生时起，就将"君权至上"作为其最核心的内容。宋元明清时期，"君权至上"仍是城市设计礼制思想的主题。尽管此时期的城市空间形式有所不同，但大部分的公共空间的属性都还是君权空间，其空间设计法则也越来越趋于标准模式化。纵然新出现了城市平民活动的空间—街道，但由于其有着严格的各类管制，空间性质并没有完全迈向现代意义上纯粹的民众公共空间。其他方面，如城市景观环境上，新的景观环境一经形成便迅速的确立了"君权"威严，并被不断强化；城市空间布局安排上，采用"君权"优先的原则；整个城市空间形态，无论平面还是竖向上，都为"君权"安危所控等等，且较宋代之前都有所增强。

（2）"等级分明"

宗法礼制社会中，人的社会等级一般根据其血缘亲疏（皇族）和职业种类来确定。而这种等级的差别也体现在其所享用的空间环境上。宋元明清时期，城市的空间和景观环境由于城市功能的增加而变得复杂，这无疑给空间环境的等级秩序带来了巨大挑战。此时，统治者并没有因此而放弃"等级分明"的思想，而是通过不断完善城市的管理制度，从建筑技术标准到城市环境管理办法，以及城市管理机构设置等手段，以实现城市空间环境的"等级分明"（即不同社会等级的人享有不同的空间环境权力）。在追求"等级分明"的同时，由于对城市空间和景观环境管理的细化，城市整体效果也得到极大的改善，不但与"君权"相关的空间环境被凸现出来，城市整体环境效果在"君权"的统领下也变得更为协调。

（3）礼教仪式

"礼"源于祭祀，许多的"礼仪"其实就是一种宗教行为。宋以前，特别是东汉到唐这段时期，随着道教兴起和佛教传入，佛道二教逐渐取代了烦琐复杂的周礼，成为广为流行的民间宗教，甚至一些帝王也开始信奉佛道，礼制中的仪式逐渐式微。宋代时，随着"理学"的兴起，以及国家的大力推崇，"礼"重新占据了信仰的舞台，并与佛道逐渐融合。"礼制"的推崇使城市许多与礼仪相关的信仰空间多以仪式流程来进行设计，越是重要的礼仪，其所属的空间和景观环境的宗教仪式的形式要求越严格。

（4）世俗实用和形式主义——城市设计礼制思想新时期的倾向

《周礼》本是周代根据当时条件制定的各类制度，有形式的内容也有功能的内容，但后来的统治者为其政治目的（更多是思想信仰上），常常将之奉为治国经典。时过境迁，《周礼》中的许多内容已经不合时宜，照搬《周礼》往往是一种形式主义的行为。从宋代开始，城市格局随着经济的发展而变化巨大，许多内容超出了周礼"营国制度"的范围。尽管新儒家的代表——"理学"信奉"周礼"，但他们更多的是如何顺应时事发展，儒家尚能和佛道相容，更何况"营国制度"。此时期，城市设计礼制思想最大的变化就是世俗实用的倾向，即将高高在上的"礼"融入世俗之中。其具体体现，首先在城市公共空间的类型上，为顺应城市经济发展需求，允许具有一定民众公共空间特点的街市产生，同时也规范出新的街道空间环境要求；其次，将部分礼制祭祀空间推广到民，如明代允许民间修建家庙祠堂。

城市设计礼制思想的世俗实用倾向，以其效果来看，如明清北京与前朝都城比较，这些变化不但没有削弱城市空间环境的礼制特点，反而使城市更为有序，并成功地实现了空间环境的礼制规训目的。

从宋元明清时期城市设计礼制思想与同时期城市规划、建筑设计、园林设计中的礼制思想比较来看，园林设计中的礼制色彩已在逐步减弱，并更多地向艺术方向迈进。建筑设计除管理上继承沿用礼制的等级思想，但从宋以后依托礼法管理体系不断出台的建筑技术标准来看，其侧重点更多是向技术理性迈进。究其原因，主要是建筑设计和园林设计的工作对象是人与物、自然之间关系，而社会之中的人与人之间的关系则考虑相对少一些。而以伦理为主题的礼制思想更多是考虑人与人之间的关系。城市规划由于受城市功能复杂化以及城市土地私有化影响，一些用地功能布局要求难以实现，礼制思想也开始有些松动。相比之下，城市设计礼制思想在此时期却得到不断的增强。这与城市设计本身特点有很大关系，一方面，城市设计对于空间和景观环境有很强的塑造能力，其在公共空间中传达直观信息的量和受众远比其他设计多得多；另外一方面，城市设计关注的公共空间是最具社会示范效应的空间，对其强化管理对社会有很强的规训作用。这两个方面特点决定了推崇礼制的宋元明清时期，城市设计礼制思想大行其道。

7.2 城市设计礼制思想的哲学观和思维方式

中国古代礼制思想的设计哲学观，即"天人合一"的宇宙观、重视"等级名分"的道德观、"主客相通"的认识论。也正是由于这种哲学观，所以城市设计礼制思想的"君权至上"、"等级分明"、"礼教仪式"这些内容数千年来一直被尊崇。当然，这一过程中礼制的思维方式起了极为重要的作用。

作为思维方式关键要素之一的知识结构方面，古代中国形成了以"礼"为核的传统中国知识体系。这一知识体系，发乎《周礼》的分类，并以《易》、《诗》、《书》、《礼》、《春秋》所描述的伦理作为知识体系的核心，辅之以实用技术与美的知识，所形成的一套结构庞大、体系宏伟的"文化"知识体系。这一体系使古人的认知局限于"伦理"之中。即使作为从事营建管理（包含设计内容）的知识分子，也仅仅只是在官学体系知识之外增加了些营建管理的周边知识（专业知识）。这些知识不足以让他们比非专业的知识分子视野看得更宽更远。在思维方式另外一关键要素——思维方法上，受到礼的宗教和经学思维影响，结合城市营建的技术特点，城市设计礼制思想在思维方法上主要有形象思维方法、宗教思维方法、定量思维方法和经学思维。

在"天人合一"的宇宙观、重视"等级名分"的道德观、"主客相通"的认识论指引下，以"礼"为核的传统中国知识体系为基础，通过形象思维方法、宗教思维方法、定量思维方法和经学思维的加工，形成了特定的城市设计礼制思想。而由于前者的稳定导致后者也难以有大的变化。这也是宋元明清时期，城市设计礼制思想内容与"营国制度"时形成的城市设计礼制思想并无根本变化的深层原因。

7.3　研究的不足和下一步打算

中国礼制文化博大精深，而论文作者水平有限，再加上研究的时间跨度历时上千年、很多资料数据搜集非常困难，因此文章在分析方面做得还不够深入。

对于中国古代城市设计礼制思想的研究，本研究仅仅还只是一个开始或者说是一次尝试。宋以前的城市设计礼制思想发展的具体脉络如何？其具体的空间环境体现？与之相平行的中国古代其他城市设计思想发展脉络又是如何？以及如何利用中国古代城市设计礼制思想的理论精华建构现代中国特色的城市设计理论？

上述一系列问题，值得深思、值得研究。

参考文献

外文文献

［1］Hsing Mei, Chia – His Chang, Wen – Hsien Tseng. Performance Enhancement of Web – based Push Transmitter with Channel Scheduling, IEEE2000

［2］shave Kebede. The changing information needs of users in electronic information environments. The Electronic Library, Vol. 20 (2002)

［3］YX. Zhong. Principles of information science. Second Edition. BUPT Press, 1996

［4］Robert Yin. Case Study Research: Design and Methods. Thousand Oaks, Calif. : Sage Publications, 1994

［5］Champa Jayawardana, K Priyantha Hewagamage, Masahito Hirakawa. A information environment for digital libraries. Information Technology and Libraries, Dec2001

［6］Duffy J. Knowledge management: To be or not to be?. The Information Management Journal, 2000 (11): 64 ~ 67

［7］Baker, Hugh. Chinese Family and Kinship, NewYork: Columbia university press, 1979

［8］Balazs, Etienne. Chinese Civilization and Bureaucracy, ed. Arthur Wright. New Haven: Yale University Press, 1964

［9］Bodde, Derk. Essays on Chinese Civilization: Princeton: Princeton University Press 1981

［10］Greel, Herrlee The Origins of Statecraft in China. Chicago：University of Chicago Press, 1970

［11］Granet, Marcel, Chinese Civilization, trans. Innes and Brailsford. London：Kegan Paul, Trench, Trubner：New York：Knopf, 1930

［12］Dumont. Louis. Homo Hierarchicus. London：Weidenfeld and Nicolson. 1970. Reprint, London：Paladin, 1972

［13］Brian E. McKnight, Law and order in Sung China, Cambridge u. a. ：Cambridge University. Press, 1992

［14］Winston W. Lo, An Introduction to the Civil Service of Sung China, Honolulu, University Of Hawaii Press, 1987

［15］E. A. Cracker. J r. , Translation of Sung Civil Service Titles, Paris：Ecole Pratique Des Hautes Etudes, 1957

［16］JosephS. C. Lam, State Sacrifices and Music in Ming China：Orthodoxy, Creativity, and Expressiveness. State University of New York Press, 1998

［17］Emily Martin Ahern, Chinese Ritual and Politics. Cambridge：Cambridge University Press, 1981

［18］Joseph p. McDermott, State and Court Ritual in China, Cambridge, U. K. &New York：Cambridge University Press, 1999

［19］Harrison Stewart Miller, State Versus Society in Late Imperial China, 1572～1644. Ph. D. Thesis, Columbia University, 2001

［20］（日）斯波义信《中国都市史》，东京大学出版会2002年。

［21］（日）岩村忍《元の大都》，《蒙古》。

中文文献

［1］《礼记·十三经注疏》，中华书局1980年版。

［2］《仪礼·十三经注疏》，中华书局1980年版。

［3］《周礼·十三经注疏》，中华书局1980年版。

［4］《周易·十三经注疏》，中华书局1980年版。

［5］《诗经·十三经注疏》，中华书局1980年版。

［6］《左传·十三经注疏》，中华书局1980年版。

［7］《论语·十三经注疏》，中华书局1980年版。

［8］《孟子·十三经注疏》，中华书局1980年版。

［9］《孝经·十三经注疏》，中华书局1980年版。

［10］《尚书·十三经注疏》，中华书局1980年版。

［11］杨天宇：《礼记译注》，上海古籍出版社1997年版。

［12］（宋）周密著，李小龙、赵锐评注：《武林旧事》，中华书局1997年版。

［13］（宋）孟元老撰，伊永文笺注：《东京梦华录笺注》，中华书局2006年版。

［14］（清）周城：《宋东京考》，中华书局1988年版。

［15］（宋）周淙、施谔：《南宋临安两志》，浙江人民出版社1983年版。

［16］（清）纪昀等：《四库全书总目提要》，中华书局1965年版。

［17］闻人军：《考工记导读》，中国国际广播出版社2008年版。

［18］（清）徐松：《宋会要辑稿》，中华书局1957年版。

［19］（元）脱脱等：《宋史》，中华书局1977年版。

［20］（宋）司義祖整理：《宋大诏令集》，中华书局1962年版。

［21］（宋）李诚（诚）：《营造法式》，中国书店出版社2006年版。

［22］吴于廑、齐世荣整理：《大元圣政国朝典章》，中国广播电视出版社1998年版。

［23］（元）陶宗仪：《南村辍耕录》，中华书局2004年版。

［24］（元）熊梦祥：《析津志辑佚》，北京古籍出版社1983年版。

［25］方龄贵校注：《通制条格校注》，中华书局2001年版。

［26］（明）朱元璋：《大明诸司职掌》，上海古籍出版社2007年版。

［27］（清）龙文彬撰：《明会要》，中华书局1956年版。

［28］（明）申时行等：《明会典（万历朝重修本）》，中华书局1989

年版。

[29]（明）文震亨撰，海军、田君注释：《长物志图说》，山东画报出版社 2004 年版。

[30] 田涛、邓秦点校：《大清律例》，法律出版社 1999 年版。

[31]（清）昆冈、刘启端：《钦定大清会典》，上海古籍出版社 1995 年版。

[32]（清）昆冈、刘启端：《钦定大清会典图（光绪重修本)》，上海古籍出版社 1995 年版。

[33] 中国第一历史档案馆译：《满文老档》，中华书局 1990 年版。

[34]（清）李斗：《扬州画舫录》，中华书局 2007 年版。

[35]（日）中川忠英著，方克、孙玄龄译：《清俗纪闻》，中华书局 2006 年版。

[36] 余柏椿：《非常城市设计——思想、系统、细节》，中国建筑工业出版社 2008 年版。

[37] 余柏椿：《城市设计感性原则与方法》，中国建筑工业出版社 2003 年版。

[38] 汪德华：《中国城市设计文化思想》，东南大学出版社 2009 年版。

[39] 王建国：《现代城市设计理论与方法》，东南大出版社 1991 年版。

[40] 洪亮平：《城市设计历程》，中国建筑工业出版社 2002 年版。

[41]（德）黑格尔，张作成、车仁维译：《历史哲学》，北京出版社 2008 年版。

[42] 卿文光：《论黑格尔的中国文化观》，社会科学文献出版社 2005 年版。

[43] 白寿彝：《中国通史》，上海人民出版社 2005 年版。

[44] 田昌五：《中国历史体系新论续编》，山东大学出版社 2002 年版。

[45] 侯外庐:《中国思想史纲》,中国青年出版社 1980 年版。

[46] 李泽厚:《中国古代思想史论》,三联书店 2008 年版。

[47] 葛兆光:《中国思想史》,复旦大学出版社 2007 年版。

[48] 冯友兰:《中国哲学简史》,北京大学出版社 1985 年版。

[49] (英)李约瑟,陈立夫等译:《中国古代科学思想史》,江西人民出版社 1999 年版。

[50] 田昌五、漆侠:《中国封建社会经济史 1-4 卷》,齐鲁书社 1996 年版。

[51] 方行:《中国古代封建经济论稿》,商务出版社 2004 年版。

[52] 王鲁民:《中国古代建筑思想史纲》,湖北教育出版社 2002 年版。

[53] 王鲁民:《中国古典建筑文化探源》,同济大学出版社 1997 年版。

[54] 沈福煦:《中国古代建筑文化史》,上海古籍出版社 2001 年版。

[55] 常青:《建筑志》,上海人民出版社 1998 年版。

[56] 刘叙杰等:《中国古代建筑史 5 卷本》,中国建筑工业出版社 2003 年版。

[57] 刘敦桢:《中国古代建筑史》,中国建筑工业出版社 2004 年版。

[58] 中国建筑史编写组:《中国古代建筑史》,中国建筑工业出版社 1993 年版。

[59] (日)伊东忠太,陈清泉译:《中国建筑史》,中国建筑工业出版社 1984 年版。

[60] 中国科学院自然科学史研究所:《中国古代建筑技术史》,科学出版社 1985 年版。

[61] 王世仁:《建筑历史理论论文集》,中国建筑工业出版社 2001 年版。

[62] 王振复:《中国建筑基本门类》,河南科学技术出版社 2005 年版。

[63] 张驭寰:《中国古代建筑分类图说》,河南科学技术出版社2005年版。

[64] 李允鉌:《华夏意匠》,中国建筑工业出版社2005年版。

[65] 王其钧:《华夏营建》,中国建筑工业出版社2005年版。

[66] 乔匀等:《中国古代建筑》,新世界出版社2002年版。

[67] 吴庆洲:《建筑哲理意匠与文化》,中国建筑工业出版社2005年版。

[68] 刘雨婷:《中国历代建筑典章制度》,同济大学出版社2010年版。

[69] 李合群:《中国古代建筑文献选读》,华中科技大学出版社2008年版。

[70] 李书钧:《中国古代建筑文献注译与论述》,机械工业出版社1996年版。

[71] 贺业钜:《考工记营国制度研究》,中国建筑工业出版社1985年版。

[72] 贺业钜:《中国古代城市规划史》,中国建筑工业出版社2003年版。

[73] 张承安:《城市发展史》,武汉大学出版社1985年版。

[74] 董鉴泓:《城市规划历史与理论研究》,同济大学出版社1999年版。

[75] 庄林德、张京祥:《中国城市发展与建设史》,东南大学出版社2002年版。

[76] 赵冈:《中国城市发展史论集》,新星出版社2006年版。

[77] 童寯:《江南园林志》,中国建筑工业出版社1963年版。

[78] 童寯:《园论》,百花文艺出版社2006年版。

[79] 周维权:《中国古典园林史》,清华大学出版社1999年版。

[80] 张家骥:《中国造园史》,山西人民出版社1987版。

[81] 王铎:《中国古代苑园与文化》,湖北教育出版社2003年版。

[82] 杨宽：《中国古代陵寝制度史》，上海人民出版社 2008 年版。

[83] 杨宽：《中国古代都城制度史》，上海人民出版社 2008 年版。

[84] 张驭寰：《中国城池史》，百花文艺出版社 2003 年版。

[85] 陈戍国：《中国礼制史（1~6 卷）》，湖南教育出版社 2002 年版。

[86] 向世陵：《理气性心之间—宋明理学的分系与四系》，湖南大学出版社 2006 年版。

[87] 魏义霞：《理学与启蒙》，商务印书馆 2009 年版。

[88] 王晓锋：《礼与中国传统政治体制制度》，陕西人民出版社 2008 年版。

[89] 王国维：《观堂集林殷周制度论》，中华书局 1959 年版。

[90] 邹昌林：《中国礼文化》，社会科学文献出版社 2000 年版。

[91] 杨志刚：《中国礼仪制度研究》，华东师范大学出版社 2001 年版。

[92] 樊浩：《中国伦理精神的历史建构》，江苏人民出版社 1992 年版。

[93] 王贵祥：《中国古代建筑基址规模研究》，中国建筑工业出版社 2008 年版。

[94] 傅熹年：《中国古代城市规划建筑群布局及建筑设计方法研究》，中国建筑工业出版社 2001 年版。

[95] 王其亨：《风水理论研究》，天津大学出版社 2001 年版。

[96] 黄建军：《中国古都选址与规划布局的本土思想研究》，厦门大学出版社 2005 年版。

[97] 程万里：《中国建筑形制与装饰》，中国建筑工业出版社 1991 年版。

[98] 汤德良：《屋名顶实》，辽宁人民出版社 2006 年版。

[99] 王炳照：《中国古代书院》，商务印书馆 1998 年版。

[100] 段文杰等：《中国美术全集绘画编》，人民美术出版社 1998

年版。

[101] 马国馨编：《北京中轴线建筑实测图典》，机械工业出版社2005年版。

[102] 张驭寰：《中国古代县城规划图详解》，科学出版社2007年版。

[103] 杨永生：《哲匠录》，中国建筑工业出版社2005年版。

[104] 张钦楠：《中国古代建筑师》，三联书店2008年版。

[105] 喻学才：《中国历代名匠志》，湖北教育出版社2008年版。

[106] 曹焕旭：《中国古代的工匠》，商务印书馆1996年版。

[107] 袁刚：《代政府机构设置沿革》，黑龙江人民出版社2003年版。

[108] 陈茂同：《历代职官沿革史》，华东师范大学出版社1997年版。

[109] 任立达：《中国古代县衙制度史》，青岛出版社2004年版。

[110] 周宝珠：《宋代东京研究》，河南大学出版社1992年版。

[111] 何忠礼：《南宋史及南宋都城临安研究》，人民出版社2009年版。

[112] 徐吉军：《南宋都城临安》，杭州出版社2008年版。

[113] 韩大成：《明代城市研究》，中华书局2009年版。

[114] 阎崇年：《中国古都北京》，中国民主法制出版社2008年版。

[115] 罗保平：《明清北京城》，北京出版社2000年版。

[116]（日）中村圭尔，辛德勇编：《中日古代城市研究》，中国社会科学出版社2004年版。

[117] 尹钧科、罗保平、韩光辉：《古代北京城市管理》，同心出版社2002年版。

[118] 张涤华：《类书流别（修订本）》，商务出版社1985年版。

[119] 高晨阳：《国传统思维方式研究》，山东大学出版社1994年版。

[120]（法）福柯，刘北成、杨远缨译：《规训与惩罚》，三联书店1999年版。

[121] 汪晖、陈燕谷编：《文化与公共性》，三联书店2005年版。

[122] 王通讯：《论知识结构》，北京出版社1986年版。

［123］（美）西蒙，武夷山译：《人工科学》，商务印书馆1987年版。

［124］周山：《中国古代传统思维方法研究》，学林出版社2010年版。

学位论文

［1］白晨曦：《天人合——从哲学到建筑（博士学位论文）》，中国社会科学院研究生院，2003年。

［2］张弓：《中国古代城市设计山水限定因素考量》（硕士学位论文），清华大学，2006年。

［3］马明：《中国古代城市设计"象天法地"原则的环境美学阐释》（硕士学位论文），山东大学，2008年。

［4］孙宏伟：《考工记－设计思想研究》（硕士学位论文），武汉理工大学，2008年。

［5］武宇嫦：《礼与俗的演绎——民俗学视野下的〈礼记〉研究（博士学位论文），北京师范大学，2007年。

［6］张自慧：《礼文化的人文精神与价值研究》（博士学位论文），郑州大学，2006年。

［7］王美华：《唐宋礼制研究》（博士学位论文），东北师范大学，2004年。

［8］杨建宏：《宋代礼制与基层社会控制研究》（博士学位论文），四川大学，2006年。

［9］朱琴琴：《传统之礼及其现代价值》（硕士学位论文），苏州大学，2007年。

［10］李晓鸿：《孔子礼学思想研究》（硕士学位论文），河南大学，2002年。

［11］王启发：《礼义新探》（博士学位论文），中国社会科学院研究生院，2001年。

［12］廖小东：《政治仪式与权力秩序》（博士学位论文），复旦大学，2008年。

[13] 刘彤彤：《问渠那得清如许为有源头活水来—中国古典园林的儒学基因及其影响下的清代皇家园林》（博士学位论文），天津大学，1999 年。

[14] 郑爽：《园冶—设计思想研究》（硕士学位论文），武汉理工大学，2008 年。

[15] 石增礼：《中国古代建筑类型与分类》（硕士学位论文），浙江大学，2004 年。

[16] 许慧：《中国古建筑屋顶脊饰研究》（硕士学位论文），河南大学，2009 年。

[17] 付晓渝：《中国古城墙保护探索》（博士学位论文），北京林业大学，2007 年。

[18] 胡平：《明清江南工匠入仕研究》（硕士学位论文），苏州大学，2009 年。

[19] 彭蓉：《中国孔庙研究初探》（博士学位论文），北京林业大学，2008 年。

[20] 吴书雷：《北宋东京祭坛建筑研究》（硕士学位论文），河南大学，2005 年。

[21] 李合群：《北宋东京布局研究》（博士学位论文），郑州大学，2005 年。

[22] 邓烨：《北宋东京城市空间形态研究》（硕士学位论文），清华大学，2004 年。

[23] 李利军：《南宋临安城景观布局初探》（硕士学位论文），华中师范大学，2011 年。

[24] 任华时：《南宋以前杭州城郭考》（硕士学位论文），浙江大学，2002 年。

[25] 张劲：《两宋开封临安皇城宫苑研究》（博士学位论文），暨南大学，2004 年。

[26] 陈德文：《北宋东京城管理研究》（硕士学位论文），湖南师范

大学，2007 年。

［27］王欣：《宋元明清公众活动的环境及设计研究》（博士学位论文），苏州大学，2008 年。

［28］姜东成：《元大都城市形态与建筑群基址规模研究》（博士学位论文），清华大学，2007 年。

［29］潘颖岩：《元代都城制度初探》（硕士学位论文），西安建筑科技大学，2007 年。

［30］张红：《元代的集宁路》（硕士学位论文），内蒙古大学，2009 年。

［31］牛淑杰：《明清时期衙署建筑制度研究》（硕士学位论文），西安建筑科技大学，2003。

［32］李媛：《明代国家祭祀体系研究》（博士学位论文），东北师范大学，2009 年。

［33］张群：《论中国传统思维方式的认识论构成及其转型》（硕士学位论文），广西师范大学，2007 年。

［34］张颖：《中国工程建造模式的历史研究》（硕士学位论文），东南大学，2005 年。

［35］代杰：《中国传统思维方式的再认识》（硕士学位论文），广西师范大学，2001 年。

学术期刊

［1］余柏椿：《城市设计目标论》，《城市规划》2004 年第 12 期。

［2］余柏椿：《我国城市设计研究现状与问题》，《城市规划》2008 年第 8 期。

［3］刘宛：《城市设计概念发展评述》，《城市规划》2000 年第 12 期。

［4］侯仁之：《从北京到华盛顿——城市设计主题思想试探》，《城市问题》1987 年第 3 期。

［5］王建国：《自上而下还是自下而上》，《建筑师》1988 年第 31 卷。

［6］熊红瑾：《"儒""道"文化与城市设计》，《云南工业大学学报》1992年第3期。

［7］吴良镛：《寻找失去的东方城市设计传统—从一幅古地图所展示的中国城市设计艺术谈起》，《建筑史论文集》2000年第12期。

［8］张杰、霍晓卫：《北京古城城市设计中的人文尺度》，《世界建筑》2002年第2期。

［9］白晨曦：《中国古代城市设计象征手法浅议》，《北京规划建设》2002年第4期。

［10］仲德昆：《中国传统城市设计及其现代化途径研究提纲》，《新建筑》1991年第1期。

［11］余琳：《论礼质的起源形态及其内涵》，《北方论丛》2010年第1期。

［12］张明义：《中国传统礼制的现代思考》，《社科纵横》2006年第7期。

［13］华唐：《秦汉礼制研究的拓荒之作》，《浙江学刊》1994年第6期。

［14］商国君：《略论周公制礼和周礼指导原则》，《求是学刊》1993年第2期。

［15］杨为星：《周代等级制度述微》，《云南教育学院学报》1998年第4期。

［16］普慧：《早期儒家"礼"的宗教思想》，《世界宗教研究》2008年第3期。

［17］罗秉祥：《儒礼之宗教意涵》，《兰州大学学报》2008年第3期。

［18］张涛：《20世纪上半期儒家经典研究述略》，《山东大学学报（哲学社会科学版）》2002年第6期。

［19］胡健、董春诗：《宗法社会的制度结构与制度演进—中国社会制度传承解析》，《制度经济学研究》2005年第1期。

［20］胡健、董春诗：《宗法社会与市民社会的比较》，《人文杂志》

2007 年第 3 期。

[21] 潘斌、楚娜:《论礼与儒墨两家的历史命运》,《青海师范大学学报 (哲学社会科学版)》2005 年第 3 期。

[22] 田昌五:《中国历史分期问题》,《上海社会科学院学术季刊》2000 年第 4 期。

[23] 曾小华:《中国古代政治制度的独特类型及其特征》,《中共浙江省委党校学报》2005 年第 6 期。

[24] 徐勇:《古代市民政治文化的独特性与局限性分析》,《江汉论坛》1991 年第 8 期。

[25] 闽红:《官师一体政教合一》,《上海师范大学学报》2003 年第 3 期。

[26] 胡伟:《合法性问题研究—政治学研究的新视角》,《政治学研究》1996 年第 1 期。

[27] 许瑞祥:《论思维方式的构成》,《南开学报》1994 年第 3 期。

[28] 张瑞忠:《思维方式研究概述》,《哲学动态》1996 年第 2 期。

[29] 张国祺:《论思维方法的现代化》,《四川大学学报 (哲学社会科学版)》1988 年第 3 期。

[30] 杨楹:《解读"宗教"的新视角—宗教思维方式探究》,《学术界》2000 年第 4 期。

[31] 方朝晖:《试论审美思维和科学—哲学—宗教思维的区别及联系》,《文艺理论研究》2002 年第 4 期。

[32] 王文洪:《论黑格尔的中国文化观》,《中国社会科学院研究生院学报》2011 年第 3 期。

[33] 胡敏中:《中国传统哲学认识论特征新论》,《重庆社会科学》1999 年第 2 期。

[34] 周德丰、杜运辉:《中国传统哲学认识论的理论成就及其当代价值》,《天津师范大学学报 (社会科学版)》2009 年第 5 期。

[35] 刘文英:《认识的分疏与认识论的类型—中国传统哲学认识论的

新透视》,《哲学研究》2003 年第 1 期。

[36] 李刚:《从中西认识论传统之比较重新解读"李约瑟难题"》,《东北大学学报 (社会科学版)》2005 年第 5 期。

[37] 袁伟时:《从典籍看传统思维方法的缺失》,《文史参考》2011 年第 2 期。

[38] 夏从亚:《思维方式研究评述》,《石油大学学报 (社会科学版)》1991 年第 2 期。

[39] 程剑民、李国华:《论思维方法》,《西南民族大学学报 (人文社科版)》2003 年第 9 期。

[40] 徐瑾:《论中西方"天人合一"思想的本质区别》,《北华大学学报》2011 年第 1 期。

[41] 申波:《"天人合一"与宗教意识》,《广西社会科学》2003 年第 5 期。

[42] 周执前:《中国古代城市管理法律初探》,《河北法学》2009 年第 7 期。

[43] 韩光辉、林玉军、魏丹:《论中国古代城市管理制度的演变和建制城市的形成》,《清华大学学报》2011 年第 4 期。

[44] 王世仁:《关于刘敦桢遗稿"中国封建制度对古代建筑的影响"的说明和认识》,《古建园林技术》2007 年第 4 期。

[45] 王贵祥:《关于中国古代宫殿建筑群基址规模问题的探讨》,《故宫博物院院刊》2005 年第 5 期。

[46] 张鸿雁:《中国古代城墙文化特质论—中国古代城市结构的文化研究视角》,《南方文物》1995 年第 4 期。

[47] 戴吾三:《考工记图说》,《城市规划》2008 年第 8 期。

[48] 贺从容:《〈考工记〉模式与希波丹姆斯模式中的方格网之比较》,《建筑学报》2007 年第 2 期。

[49] 曹国媛、曾克明:《中国古代衙署建筑中权力的空间运作》,《广州大学学报 (自然科学版)》2006 年第 1 期。

［50］姚柯楠、李陈广：《衙门建筑源流及规制考略》，《中原文物》2005 年第 3 期。

［51］张亚祥、刘磊：《孔庙和学宫的建筑制度》，《古建园林技术》2001 年第 4 期。

［52］廖小东、丰凤：《中国古代国家祭祀的政治功能及影响》，《求索》2008 年第 2 期。

［53］画晓：《"礼"与中国古代建筑文化》，《装饰》1996 年第 4 期。

［54］文超祥、黄天其：《中国古代城市建设法律制度初探》，《规划师》2002 年第 5 期。

［55］吴隽宇：《井田制与中国古代方形城制》，《古建园林技术》2004 年第 3 期。

［56］黄科宏：《简析我国古代与近现代城市管理的演变及特征》，《广西城镇建设》2010 年第 4 期。

［57］奇秀：《我国古代行政机构设置的启示》，《中国行政管理》1998 年第 12 期。

［58］高奇：《中国古代的工匠培训与技艺传授》，《中国职业技术教育》2008 年第 2 期。

［59］张颖、沈杰：《工匠在中国古代建筑工程管理历史中的地位》，《华中建筑》2006 年第 11 期。

［60］张映莹：《中国古代的营建职官》，《古建园林技术》1998 年第 3 期。

［61］樊蕊、李木子：《中国古代工匠伦理探究》，《学理论》2011 年第 2 期。

［62］马继云、于云瀚：《宋代厢坊制论略》，《史学月刊》1997 年第 7 期。

［63］苗书梅：《宋代知州及其职能》，《史学月刊》1998 年第 6 期。

［64］丘刚：《开封宋城考古述略》，《史学月刊》1999 年第 6 期。

［65］丘刚：《北宋东京城御街遗址探析》，《中州学刊》1999 年第

6 期。

[66] 李合群、尹家琦：《试析北宋东京南北御街街道景观》，《开封大学学报》2009 年第 1 期。

[67] 李合群：《北宋东京内城里坊布局初探》，《中原文物》2005 年第 3 期。

[68] 吴风：《关于北宋东京外城城垣及里城、宫城的城壕问题》，《黄河科技大学学报》2002 年第 1 期。

[69] 张驭寰：《北宋东京城复原研究》，《建筑学报》2000 年第 9 期。

[70] 韩顺发：《清明上河图》所反映的北宋东京城的建筑与等级制度》，《河南大学学报（社会科学版）》1987 年第 1 期。

[71] 中国社会科学院考古研究所洛阳唐城队：《洛阳宋代衙署庭园遗址发掘简报》，《考古》1996 年第 6 期。

[72] 年振宇：《南宋临安城寺庙分布研究》，《杭州师范学院学报（社会科学版）》2008 年第 1 期。

[73] 阙维民：《杭州城廓的修筑与城区的历史演变》，《浙江学刊》1989 年第 6 期。

[74] 林正秋：《试探南宋杭州城市建设的成就与特点》，《杭州师范大学学报（社会科学版）》2008 年第 5 期。

[75] 林正秋：《南宋杭州的街巷》，《杭州师范学院学报（社会科学版）》1983 年第 1 期。

[76] 孙昌盛、张春英：《古代杭州城市空间形态演变研究》，《浙江大学学报（理学版）》2009 年第 3 期。

[77] （日）牧野修二，赵刚译，刘恩格校：《论元代庙学书院的规模》，《齐齐哈尔大学学报（哲学社会科学版）》1988 年第 4 期。

[78] 朱玲玲：《元大都的坊》，《殷都学刊》1985 年第 3 期。

[79] 李逸友：《元应昌路故城调查记》，《考古》1961 年第 10 期。

[80] 李逸友：《内蒙古元代城址概说》，《内蒙古文物考》1986 年第 1 期。

[81] 张驭寰：《元集宁路故城与建筑遗物》，《考古》1962 年第 11 期。

[82] 侯仁之：《元大都城与明清北京城》，《故宫博物院院刊》1979 年第 3 期。

[83] 王璞子：《元大都城平面规划述略》，《故宫博物院院刊》1960 年第 1 期。

[84] 林梅村：《元大都形制的渊源》，《紫禁城》2007 年第 10 期。

[85] 中国科学院考古研究所北京市文物管理处元大都考古队：《元大都的勘查和发掘》，《考古》1972 年第 1 期。

[86] 邓奕、毛其智：《从〈乾隆京城全图〉看北京城街区构成与尺度分析》，《城市规划》2003 年第 10 期。

[87] 谷健辉：《场所的解读—明清北京天坛的文化象征意义》，《华中建筑》2005 年第 2 期。

[88] 赵轶峰：《明朝国家祭祀体系的寓意》，《东北师范学报（哲学社会科学版)》2006 年第 2 期。

[89] 张丽丽：《明清北京皇城街巷产生原因初探》，《首都师范大学学报（社会科学版)》2010 年第 1 期。

[90] 金伟、郑先友：《我国古代城市道路形态分析》，《工程与建设》2008 年第 1 期。

后　记

　　"文化是人类的精神家园，优秀文化传承是一个民族生生不息的血脉"。2006 年我在华中科技大学攻读城市规划博士学位期间，选择了与中国传统文化息息相关的中国古代城市设计思想方面的研究，既感荣幸，又有一份责任。在写作过程中，我对中国传统文化由认识到逐步熟悉，并产生了浓厚兴趣，最终形成了这份从认识思维角度来具体分析宋元明清时期城市设计礼制思想的初步研究成果。

　　本书是在我的博士论文基础上完成的。在选题上，曾与我的导师余柏椿教授进行了多次深入探讨，最后选择了中国古代城市设计思想这一研究视角。由于本人对中国古代城市设计思想只是做了较浅显的研究，手边的资料也很有限，如何理顺中国古代城市设计思想的理论框架是一个复杂的问题，所以初步设想是研究城市设计礼制思想这一个方面，同时考虑到研究时间跨度过长，资料有限，最终选取了宋元明清时期中城市设计礼制思想作为研究的重点。

　　回首来路，我的心中充满了感激之情。

　　首先，衷心地感谢我的导师余柏椿教授！读博的六年里，我得到了余老师悉心的指导。他对传承中国传统文化有着高度的民族使命感，他品格高尚、学识渊博，他治学严谨又平易近人，正是在他的鼓励和感召下，我得以在艰巨的研究中不断前行。其次，非常感谢我的硕士导师洪亮平教授，他将我引入城市设计研究之门。无论治学还是为人，他的观点和建议都让我受益匪浅。感谢华中科技大学建筑与城市规划学院黄亚平教授、万敏教授，感谢师长兼师姐贺慧老师，还有学院研究生办、学工组的领导和老师们，我在校学习期间，他们给了我热情指点和帮助。再次，非常感谢武汉市规划局刘奇志教授级高工、湖南城市学院汤放华教授和郑卫民教授对论文提出的许多宝贵建议，使论文能不断得到修改与完善。感谢华科陈婷婷博士、张兵博士、李明术博士、周燕博士、李夙博士、王英姿博士、王敏博士等同学给予我学习上的帮助。

还要特别感谢我的家人，是他们给了我完成学业的精神动力。

在本书的出版过程中，要感谢人民日报出版社陈丹编辑，她对书稿进行了极其细致的编辑加工，在此对陈编辑的辛勤劳动表示衷心的感谢！

李进

2016 年 10 月